AF532261

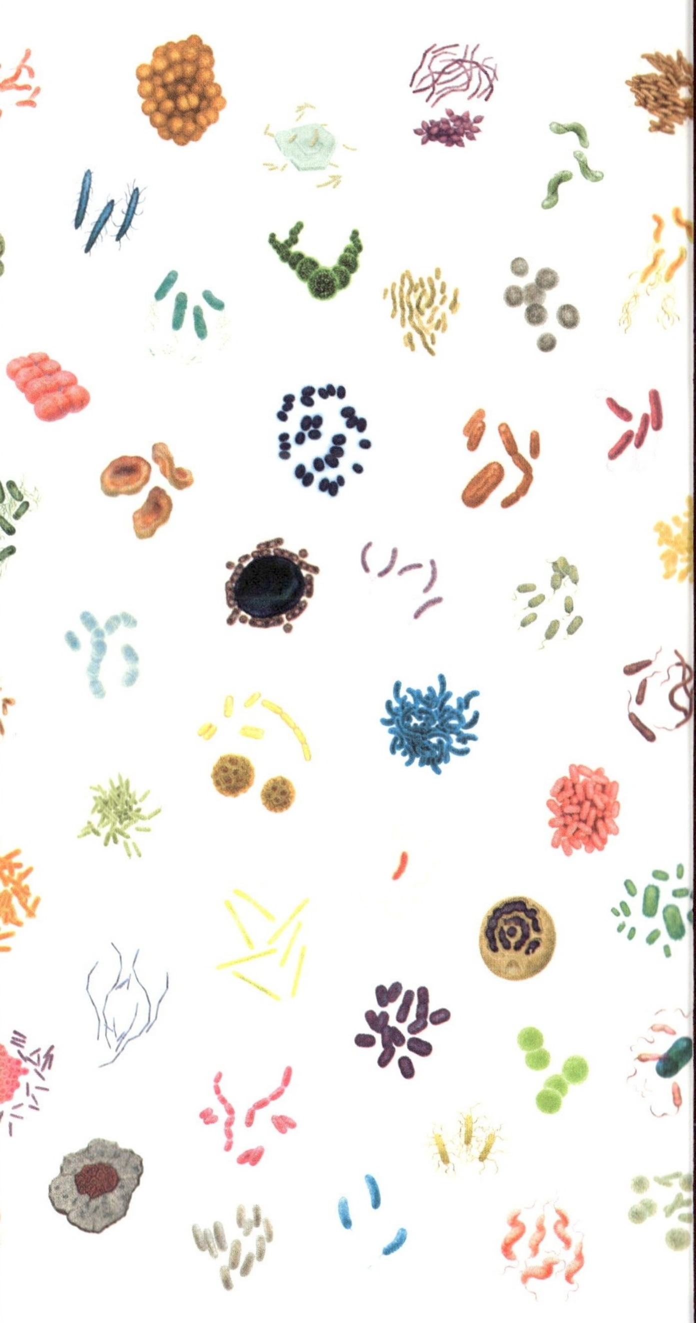

Ludger Weß

Winzig, zäh und zahlreich

EIN BAKTERIENATLAS

Illustriert von
Falk Nordmann

NATURKUNDEN

Inhalt

NATURKUNDEN Nº 62

herausgegeben von Judith Schalansky
bei Matthes & Seitz Berlin

Vorwort

Als ich im Alter von etwa sieben oder acht Jahren bei einem Besuch des Naturkundemuseums Münster zum ersten Mal durch ein Mikroskop blickte, verlor ich mein Herz an die verborgene Welt im Wassertropfen: Pantoffeltierchen, Räder- und Glockentierchen, Mikroalgen, das pochende Herz eines Wasserflohs – ein ganzer Kosmos tat sich auf, der für das bloße Auge unsichtbar war. Was für eine Entdeckung!

Meinen Eltern blieb meine Begeisterung nicht verborgen. Sie unterstützten mich, und bald hatte ich ein Schülermikroskop, ein kleines Aquarium und ein Abonnement der Zeitschrift *Mikrokosmos.* Ich entdeckte, dass diese Wunder nicht auf das Wasser von Teichen, Bächen und Regenpfützen beschränkt waren. Auch in der Erde der Blumentöpfe, auf einem fauligen Apfel, einem Stück Baumrinde und selbst in meinem Speichel tummelten sich winzige Lebewesen.

Ich lernte, wie man Mikroorganismen züchten kann. Mein Taschengeld wanderte ins Sanitätshaus Lückenotto, wo ich Reagenzgläser, Schalen und Erlenmeyerkolben erstand. Die Alte Apotheke versorgte mich – heute undenkbar – mit Chemikalien für die Anfertigung von mikroskopischen Präparaten: Benzol, Toluol, Xylol, Benzaldehyd, Formaldehyd, Isopropylalkohol und Kanadabalsam. Fachliteratur gab es per Fernleihe in der Stadtbibliothek. Ein bis zwei Wochen nach der Bestellung kamen die

Kopien in Form von schweren, überdimensionierten Xeroxpapierbögen. Mein Zimmer roch abwechselnd stechend nach Chemie und modrig nach Heuaufgüssen; in der Küche kochte ich Nährlösungen, sterilisierte im Backofen Petrischalen und goss Agarplatten, um darauf Hefen und Bakterien zu züchten.

Mein Meisterstück war eine Bakterienlampe – ähnlich der, die der Prager Pflanzenphysiologe Hans Molisch 1901 dem österreichischen Kaiser Franz Joseph I. vorgeführt hatte. Es gelang mir, in einem großen Kolben phosphoreszierende Bakterien zu züchten, die ich von den Schuppen eines Herings isoliert hatte. Im fahlen Schein dieses bakteriellen Lichts konnte ich im abgedunkelten Zimmer lesen – ein Vergnügen, das allerdings nur eine Nacht anhielt.

Mein Interesse an den Bakterien verband sich mit den anderen aufregenden Ereignissen meiner Kindheit – der Landung von Menschen auf dem Mond und der Erkundung von Venus und Mars durch Sonden, die diese Himmelskörper aus der Nähe fotografierten und vermaßen. Würde man dort Spuren von Leben – vielleicht Bakterien – finden?

Die ersten Daten, die von der Venus und vom Mars übermittelt wurden, waren unergiebig, doch 1971 erregten Forscher der NASA Aufsehen mit der Entdeckung von Grundbausteinen des Lebens in mehreren Meteoriten. Konnten Bakterien als Folge des Zusammenpralls von Himmelskörpern quer durchs All zu anderen Planeten und Monden gelangen und dort Fuß fassen? Stimmte die Theorie der Panspermie, wonach sich primitive Lebensformen durch Meteore im Universum verbreiten? Kam so das Leben auf die Erde?

Ich verschlang Artikel und Bücher über Exobiologie, eine neue wissenschaftliche Disziplin, die untersuchte, unter welchen Grundvoraussetzungen Leben möglich ist, und staunte, an welche extremen Bedingungen die Bakterien auf der Erde angepasst waren.

Je mehr ich wusste, desto mehr Fragen gab es, und am Ende studierte ich – natürlich – Biologie, um zu forschen.

Auch wenn ich inzwischen nicht mehr selber forsche, sondern beschreibe, was andere herausgefunden haben oder herausfinden wollen, hat mich das Interesse an dem unsichtbaren Universum, das uns umgibt, nicht losgelassen. Besonders fasziniert bin ich nach wie vor von der schier grenzenlosen Anpassungsfähigkeit der Bakterien, die sich Nahrung auch in Lebensräumen erschließen, die nach unserem Ermessen wüst und leer sind. Seit Jahren beschäftige ich mich vor allem mit den Extremophilen unter diesen Organismen, also solchen, die unter Bedingungen existieren, die aus menschlicher Perspektive extrem lebensfeindlich erscheinen – in heißen Quellen, in eisigen oder trockenen Landschaften, in ätzenden Säuren und beißenden Laugen oder unter unvorstellbarem Druck.

Für das vorliegende Buch habe ich mich dafür entschieden, zum einen Bakterien vorzustellen, die die riesige Bandbreite der Lebensweise und der Lebensräume dieser Organismen zeigen. Zum anderen sind in diesem Buch Bakterien beschrieben, die für unseren Alltag und unsere Wirtschaft sowie für Gesundheit und Krankheit von Bedeutung sind. Aufgenommen sind schließlich noch Bakterien, von denen die Menschheit in den kommenden Jahren noch profitieren wird, weil sie dabei mithelfen werden, Müll und Rückstände zu beseitigen, Energie zu sparen, Nahrungsmittel effizienter zu produzieren und die menschliche Gesundheit zu erhalten.

Entstanden sind so fünfzig verschiedene Portraits – eine

verschwindend geringe Auswahl, aber vielleicht ausreichend, um Menschen dafür zu begeistern, sich näher mit diesen wohl vielseitigsten und erstaunlichsten aller Lebewesen zu beschäftigen.

Ludger Wess,
Gaiole in Chianti/Hamburg, 2020

Einführung

Die Erde ist der Planet der Bakterien. Ein Kubikzentimeter Erdboden enthält etwa eine Milliarde von ihnen, ein Teelöffel Wasser aus einem Teich enthält eine Million und ein Kubikmeter Luft immerhin gut eintausend. Tiere und Pflanzen kommen und gehen, Bakterien aber bleiben und haben bisher noch jede erdgeschichtliche Katastrophe überlebt.

Entstanden sind sie vor mindestens 3,8 Milliarden Jahren, vermutlich auf dem Grund des Ozeans in der Nähe heißer Quellen, aus denen stark mineralhaltiges Wasser ausströmt. Noch heute lebt die Mehrzahl aller Bakterien auf unserem Planeten im Meer oder im Boden darunter. Das ist nicht verwunderlich: Zwei Drittel der Erdoberfläche sind von Ozeanen bedeckt, deren Durchschnittstiefe bei fast vier Kilometern liegt. Damit bestehen 99 Prozent der Biosphäre unseres Planeten aus Salzwasser sowie salzigen Sedimenten und Böden.

Erst vor Kurzem wurde entdeckt, dass Bakterien noch in einer Tiefe von fünf Kilometern in der Erdkruste vorkommen. Die gesamte unterirdische Biosphäre beherbergt vermutlich 15 bis 23 Milliarden Tonnen Bakterien – das ist Hunderte Male mehr, als alle Menschen der Erde zusammen auf die Waage bringen. Würde man die Erbsubstanz aller Bakterien, die auf der Erde leben, aneinanderreihen, würde diese Kette bis an die Grenze des beobachtbaren Universums reichen.

Von den Ozeanen ausgehend haben sich Bakterien über den gesamten Planeten ausgebreitet – wir finden sie heute in extrem heißen, kalten, trockenen und feuchten Gegenden, tief im Gestein, auf den Gipfeln des Himalaya, in Salzkristallen, Säuren und Laugen, sie leben in Anwesenheit von Schwermetallen, im Inneren von Atomreaktoren und in Vulkanglas. Auch die Wüsten – Gebiete mit weniger als 250 Millimeter Niederschlag im Jahr –, die ein Drittel der Landoberfläche bedecken, sind eine wichtige Heimat für Bakterien, die Erforschung wüstenbewohnender Mikroben steht jedoch noch ganz am Anfang.

Die Widerstandsfähigkeit von Bakterien ist legendär. Sie können in eine Art Dauerschlaf verfallen und so Millionen Jahre überstehen. Und natürlich leben sie auch auf uns, in uns und mit uns: als Wächter über unsere Haut, als Verdauungshelfer, als Assistenten unseres Immunsystems, als Krankheitserreger und als Haushaltshelfer, ohne die es weder Sauerteig noch Sauerkraut, Joghurt oder Kimchi gäbe.

Ihre Vielfalt ist dabei erstaunlich. Es gibt Kugeln, Stäbchen, Kommas, Filamente, Sterne und Quader, Bakterien mit und ohne Geißel, alleinlebende und solche, die Kolonien bilden. Bakterien kommunizieren miteinander, organisieren sich und tauschen Gene untereinander aus. Sie ›stehlen‹ genetische Informationen von anderen Lebewesen und können sogar fossile DNA in ihr eigenes Erbmaterial integrieren.

Lange Zeit waren den meisten Menschen Bakterien allenfalls als Krankheitserreger bekannt. Dass sie verheerende Seuchen verursachen können, ist im kollektiven Gedächtnis verankert, aber dank Impfungen und Antibiotika beinahe in Vergessenheit geraten. Auch als Darmbewohner oder wichtige Bodenlebewesen sind sie bekannt. Dass sie aber auch das Papier und den Leim des Buches bewohnen, in dem dieser Satz steht, dürfte die meisten erstaunen.

Bislang bekannt sind mehr als 14 000 Arten, etwa 1400 davon sind Krankheitserreger. Wie viele Arten es insgesamt gibt, weiß niemand genau, aber es gibt Schätzungen anhand neuerer Untersuchungen von Meerwasser und Böden. Danach könnte es etwa eine Billion verschiedene Bakterienarten geben. Das sind etwa fünfmal so viel, als es Sterne in unserer Galaxis gibt.

Die in diesem Buch vorgestellte Auswahl kann daher die unglaubliche Vielfalt der Bakterien nicht einmal annähernd abbilden. Auch können die derzeitigen Rekordhalter – das größte oder kleinste Bakterium, das widerstandsfähigste gegen Laugen, Säuren, Kälte oder Hitze – morgen schon entthront sein. Mit Sicherheit werden in den kommenden Jahren und Jahrzehnten weitere Arten mit ungewöhnlichen Fähigkeiten entdeckt oder durch die synthetische Biologie entwickelt werden.

Was aber ist ein Bakterium? Und wie erhalten wir Menschen Kenntnis von ihnen?

Die Entdeckung der unsichtbaren Welt

Trotz ihrer Allgegenwärtigkeit und obwohl sie schon in der Antike für die Haltbarmachung und Herstellung von Nahrungsmitteln genutzt wurden, hat man Bakterien erst vor rund 350 Jahren entdeckt. Der einfache Grund: Mit bloßem Auge kann man sie – bis auf sehr wenige Ausnahmen – nicht erkennen.

Der vermutlich erste Mensch, der ein Bakterium erblickte, war der 1632 geborene niederländische Tuchhändler Antoni van Leeuwenhoek. Woher sein Interesse an Mikroskopen stammt, ist nicht geklärt, aber es wurde so groß, dass er sein Geschäft aufgab und Naturforscher wurde, der mit dem Mikroskop alles beobachtete, was zu seiner Zeit diskutiert wurde: das Strömen von Blutkörperchen in den Adern ebenso wie die Entwicklung von Lebewesen wie Fröschen und Schnaken. Im Laufe seines Lebens fertigte er mehrere Hundert Mikroskope und noch mehr Linsen an. Die bis zu 270-fache Vergrößerung und perfekte Auflösung seiner Konstruktionen übertraf alle bislang verfügbaren Instrumente bei Weitem und ermöglichte die Beobachtung kleinster Objekte in bis dahin unerreichter Schärfe und Klarheit.

Im August 1683 wurde er krank. Seine Zunge war pelzig und der Belag erschwerte das Schmecken, sodass er begann, seinen Geschmackssinn mit Aufgüssen verschiedener Kräuter und Gewürze zu untersuchen. Wieder genesen, fand er drei Wochen später, im September 1683, ein vergessenes Glas mit Pfefferaufguss, der trübe geworden war. Er inspizierte die Flüssigkeit mit seinem Mikroskop und fand in dem Wasser *animalcules*, kleine Tiere, die sich lebhaft bewegten. Möglicherweise waren das keine Bakterien, aber er dehnte die Untersuchung auf seine Mundhöhle aus und betrachtete Proben seines Zahnbelags. Wieder fand er *animalcules*. Er fertigte Zeichnungen und Präparate an, die er am 17. September 1683 zusammen mit einer ausführlichen Beschreibung seiner Beobachtungen an die Royal Society in London schickte.

All das ist bekannt, weil Anfang der 1980er-Jahre der britische Journalist Brian J. Ford mehr über Leeuwenhoek wissen wollte und das Archiv der Royal Society aufsuchte. Dort fand er neun Päckchen vor, alle sorgsam in vier Lagen braunes Papier eingeschlagen. Zu seiner Überraschung waren darin nicht nur die Briefe und Zeichnungen, sondern auch 39 Mikroskope und Hunderte Präparate, die Leeuwenhoek im Lauf seines Lebens nach London geschickt hatte.

Die Nachuntersuchung der gut erhaltenen Präparate mit modernsten Methoden ergab, dass Leeuwenhoek tatsächlich die für Zahnbelag typischen Bakterien beobachtet hatte.

Leeuwenhoeks Entdeckung schlug im 17. Jahrhundert keine großen Wellen. Zwar machte das Mikroskop die winzigen Lebewesen sichtbar, doch wirklich betrachten, das heißt, ihre Form, ihre Oberfläche oder ihr Inneres erfassen, konnte man mit den damaligen Techniken nicht. Dafür war die Auflösung zu gering, und schon die Umgebungswärme ließ die kleinen Objekte so sehr zittern, dass sie immer wieder aus der Ebene der optischen Schärfe entschwanden. Heute ist dieses Phänomen als Brown'sche Molekularbewegung bekannt.

Und was waren diese Stäbchen, Kugeln und Häkchen? Lebten die unbeweglichen unter ihnen überhaupt? Waren es Tiere oder doch eher Pflanzen oder Pflanzenteile? Waren es nur verschiedene Formen ein und desselben Organismus? Wandelten sie sich ineinander um? Vor allem aber: Konnten so kleine Lebewesen überhaupt von irgendeiner Bedeutung für den Menschen sein?

Diese Fragen waren keineswegs naiv. Zur damaligen Zeit waren wesentliche Aspekte des Lebens, seiner Entstehung und Entwicklung, noch vollkommen unverstanden.

Bis weit ins 19. Jahrhundert herrschte in der Medizin der Konsens, dass übertragbare Erkrankungen durch Miasmen genannte giftige Ausdünstungen verursacht würden. Der Gedanke lag nahe, denn die Luft der Städte war verpestet durch verrottenden Unrat, verwesende Schlachtabfälle, stinkende Kloaken und den Rauch von Herdfeuern und Handwerksbetrieben. Es gab weder Kanalisation noch Müllentsorgung. Auf dem Land, so die damalige Überzeugung, steckte man sich an den Ausdünstungen von Jauche und fauligen Sümpfen an.

Der Gestank machte selbst vor königlichen Palästen nicht halt. Der Sozialhistoriker Alain Corbin zitiert in seiner 1982 unter dem Titel *Pesthauch und Blütenduft* erschienenen Geschichte des Geruchs zeitgenössische Quellen über Versailles:

> *Die schlechten Gerüche im Park, in den Gärten und sogar im Schloss selbst erregen Übelkeit. Die Zuwege, die Innenhöfe, die Nebengebäude und die Korridore sind voller Urin und Fäkalien; am Fuß des Ministerflügels schlachtet und brät ein Fleischverkäufer jeden Morgen seine Schweine; die Avenue de Saint-Cloud ist bedeckt mit moderndem Schlamm und toten Katzen.*

Die Naturforscher waren mehrheitlich der Meinung, Lebewesen würden durch den Einfluss von Wärme, Luft, Wasser und kosmischen Kräften beständig spontan aus toter Materie entstehen – Mäuse etwa aus alten Lumpen und Weizenkörnern, Flöhe und Läuse aus dem Schweiß von Menschen und Hunden.

Lange missachtet, dann gefürchtet

Nach erbittert ausgefochtenen Kontroversen war erst knapp zweihundert Jahre nach Leeuwenhoek durch Versuche des französischen Forschers Louis Pasteur und anderen geklärt, dass das Verderben von Lebensmitteln ebenso wie die alkoholische Gärung und andere Prozesse auf die Wirkung von mikroskopisch kleinen Lebewesen zurückgingen, die mit Hitze oder chemischen Mitteln abgetötet werden konnten.

Pasteurs erstes geniales Experiment bestand darin, gekochte Brühe in Glasgefäße zu füllen, deren Hals sich nach oben verjüngte. Sobald die heiße Brühe eingefüllt war, brachte er den Flaschenhals über einer heißen Flamme zum Schmelzen und verschloss ihn. Die Brühe blieb in den Gefäßen solange klar, bis er den Flaschenhals oben abbrach und damit das Eintreten von Keimen aus der Luft ermöglichte. Dann verdarb die Lösung binnen weniger Tage. Eine seiner damals verschlossenen Flaschen ist noch erhalten und im Londoner Science Museum ausgestellt. Die darin versiegelte Brühe ist bis auf den heutigen Tag klar und unverdorben.

Behauptungen, die das Verderben auf die chemische Wirkung von Atmosphärengasen zurückführten, widerlegte Pasteur, indem er die Flasche mit Watte verschloss oder den Hals so lang, dünn und gewunden auszog, dass zwar Luft, aber keine Mikroorganismen eintreten konnten, weil alle festen Bestandteile sich in der Watte beziehungsweise dem langen Flaschenhals absetzten.

Pasteur konnte aber nicht nur überzeugend darlegen, dass Mikroorganismen nicht spontan durch Urzeugung entstanden und dass sie die Ursache des Verderbens von Lebensmitteln waren. Er konnte auch zeigen, dass unterschiedliche Mikroben unterschiedliche physiologische Fähigkeiten besaßen. Die einen produzierten Alkohol, wieder andere Essig- oder Milchsäure.

So begann man allmählich, die Bedeutung und Verbreitung der ›kleinen Tiere‹ von Leeuwenhoek zu verstehen, und erkannte schließlich, dass sie weder Tiere noch Pflanzen waren, sondern ein ganz eigenes, abgegrenztes ›Reich‹ des Lebens bilden –

heute spricht man von einer Domäne. Das systematische Studium der Bakterien und anderer Mikroorganismen begann.

In dieser Zeit, dem 19. Jahrhundert, wurde die Bezeichnung Bakterie, altgriechisch für ›Stäbchen‹, geprägt, und schließlich wurden auch Begriffe wie Bacillus, Kokke, Spirille usw. eingeführt, um die einzelnen Formen besser auseinanderhalten zu können. Im täglichen Sprachgebrauch steht Bakterie jedoch noch heute für alle Formen und schließt meist auch die erst in den 1970er-Jahren entdeckten Archaebakterien ein, obwohl diese neben den Eukaryonten (Pflanzen und Tiere) und den Bakterien eine eigene Domäne des Lebens bilden.

In der ›Goldenen Ära der Bakteriologie‹ gegen Ende des 19. Jahrhunderts lernte die Menschheit schließlich, die Bakterien als Auslöser von Seuchen zu fürchten. Die von einem Millionenpublikum gelesene Wochenzeitschrift *Die Gartenlaube* widmete ihnen 1879 eine vielbeachtete Geschichte (Autor ist ein »Dr. St.«) mit dem Titel *Mikrokokken und Bakterien*, in der es hieß:

> *… in jedem Athemzuge, den wir thun, mit jedem Schluck Wasser, welchen wir zu uns nehmen, mit vielen Speisen, die wir als Nahrung zur Erhaltung des Lebens uns zuführen, wandern Tausende und Abertausende solcher Gebilde in den Organismus ein.*

Dichter beschäftigten sich mit der plötzlichen Bewusstwerdung ihrer bedrohlichen, allgegenwärtigen Existenz, etwa Alexander Moszkowski in seinem Gedicht *Überall Bakterien*, das 1887 in der Zeitschrift *Fliegende Blätter* erschien. Er schrieb:

> *Nee, ich sag' schon! von Bakterien*
> *Hat man früher nischt jewußt.*

Da war's Essen noch 'ne Freude
Und det Trinken war 'ne Lust.
Aber seit man die Bazillen
Und dergleichen Zeugs erfund,
Is der Mensch total geliefert,
Alles is jetzt unjesund.

Ausstellungen zeichneten das Bild von Bakterien als vielköpfige Hydra, populärwissenschaftliche Bücher erläuterten den Kampf gegen die Bakterien – die Menschheit befand sich im Krieg mit den Seuchen und ihren Verursachern. Robert Koch, der den Grundstein für die Bekämpfung von Seuchen und Infektionskrankheiten legte, indem er die Prinzipien der Hygiene entwickelte, wurde rasch ein gefeierter Held. Als großer Gegenspieler der Bakterien zierte sein Portrait Gedenkmünzen, Tassen, Bierkrüge und Pfeifenköpfe. Es gab kaum eine Wissenschaft, die so schnell wesentliche medizinische, soziale und gesellschaftliche Bedeutung erhielt.

Parallel entdeckte man die Rolle der Bakterien bei vielen Alltagsprozessen – der Essiggärung, der Milchgerinnung, dem Verderben von Lebensmitteln, bei der Entstehung von Humus – und ihre Symbiose mit bestimmten Pflanzen.

Wie werden Bakterien erforscht?

Am Beginn der Bakteriologie als neuer wissenschaftlicher Disziplin waren die Mittel der Forscher zunächst noch äußerst begrenzt. Ihr wichtigstes Instrument blieb das Mikroskop, das allerdings inzwischen deutlich mehr Schärfe und Auflösung bot.

Die Forschung bestand zunächst in der Sichtbarmachung der Bakterien und ihrer morphologischen Beschreibung. Sie wurden anhand von Zeichnungen und Fotos, die mithilfe des Mikroskops angefertigt wurden, beschrieben, klassifiziert und identifiziert.

Der Durchbruch gelang erst, als die Wissenschaft lernte, Bakterien zu kultivieren. Ursprünglich ließ man sie auf Kartoffelscheiben, geronnenem Eiweiß, Fleischstücken oder in Brühe wachsen. Doch dabei war ihr Wachstum schlecht zu betrachten, und längst nicht alle Bakterien konnten die angebotene Nahrung verwerten. Schließlich kam man in Kochs Labor auf die Idee, flüssige Nährlösung wie Pudding mit Gelatine anzudicken und in einer dünnen Schicht auf der Innenwand von Reagenzgläsern und später in großen rechteckigen Schalen aushärten zu lassen.

Zwar wuchsen die Bakterien jetzt erstmals ortsfest auf einer leidlich transparenten Oberfläche, aber die Form der Reagenzgläser beeinträchtigte noch immer die Möglichkeit ihrer Beobachtung und die Platten waren kompliziert in der Handhabung. Das größte Ärgernis aber war die Gelatine: Sie wurde bei 37 Grad Celsius, der optimalen Temperatur für die Vermehrung zahlreicher Krankheitserreger, flüssig.

Zwei weitere Innovationen aus dem Koch'schen Labor, die sich bis auf den heutigen Tag erhalten haben, ermöglichten schließlich die rasche Entstehung der modernen Bakteriologie: das aus Algen gewonnene Geliermittel Agar-Agar und die Petrischale. Der erste Kniff stammt von der Zeichnerin und Laborassistentin Fanny Angelina Hesse, die aus ihrer New Yorker Heimat Agar-Agar als Verdickungsmittel kannte und wusste, dass der Algenextrakt wesentlich wärmestabiler als Gelatine ist.

Die Idee, verschieden große runde Glasschalen zu verwenden, hatte Kochs Mitarbeiter Julius Petri. Er goss das heiße, angedickte Nährmedium in die kleinere der beiden und stülpte eine zweite mit einem etwas größeren Durchmesser als übergreifenden Deckel darüber.

Nun konnte man Schalen mit Nährböden auf Vorrat anfertigen und lagern, ohne dass sie verdarben, und Bakterien so züchten, dass sie an Ort und Stelle verblieben und sogenannte Kolonien bildeten – eine mit dem bloßen Auge sichtbare Anhäufung von Zellen, die aus einzelnen Bakterien hervorgegangen waren, fachsprachlich auch Reinkultur genannt. Form und Farbe der Kolonien ermöglichten ihre Bestimmung – ein Verfahren, das noch heute in Krankenhäusern angewandt wird, um Krankheitserreger zu identifizieren. Mit Mikroskop und Petrischale gelang es, die Beteiligung von Bakterien an Krankheiten, der Vergärung von Lebensmitteln und vielen anderen Prozessen nachzuweisen.

Hinzu kam schließlich die Entdeckung, dass sich Bakterien anfärben ließen. So konnte man sie von totem organischen Material unterscheiden. Der dänische Arzt Hans Christian Gram, der mit verschiedensten Farbstoffen experimentierte, stieß 1884 auf einen, mit dem in tierischen Geweben Bakterien farblich hervorgehoben werden konnten. Seine Methode hatte nicht bei allen Bakterien Erfolg, sie erwies sich jedoch als wichtiges Klassifizierungsmerkmal – bis heute unterscheidet man grampositive und gramnegative Bakterien. Ursache ist ein unterschiedlicher Aufbau der Zellwand, der nur bei grampositiven Bakterien die bleibende Einlagerung des Farbstoffs Kristallviolett ermöglicht. So konnten Bakterien in zwei große Gruppen eingeteilt werden, die sich im Aufbau ihrer Zellwände unterscheiden.

Bis weit in die erste Hälfte des 20. Jahrhunderts hinein war es mit den damaligen Instrumenten jedoch nicht möglich, in das Innere von Bakterien zu sehen, denn die mit Lichtmikroskopen erzielbare Auflösung hat physikalische Grenzen, die von der Wellenlänge des Lichts abhängen. In den 1920er-Jahren wurde entdeckt, dass auch Elektronen Wellencharakter haben, also wie Licht gebrochen werden können. Das erlaubte die Entwicklung der Elektronenoptik. Die Wellenlänge dieser ›Materiewellen‹ liegt um ein Vielfaches unter der des sichtbaren Lichts, und so begann die Ära der Elektronenmikroskopie. Moderne Elektronenmikroskope erlauben einen Einblick in das Innere von Bakterienzellen, ja sogar die Sichtbarmachung von einzelnen Molekülen. In der zweiten Hälfte des 20. Jahrhunderts entwickelten Physiker zudem Mikroskopieverfahren, die die physikalischen Begrenzungen der klassischen Lichtmikroskopie zu überwinden halfen. Hinzu kommen heute die Techniken der Molekularbiologie und der Biochemie, mit denen Wirkungsweise, Steuerung und Ineinandergreifen einzelner Elemente einer Bakterienzelle untersucht werden können. In Laboren aufgenommene Filme zeigen, wie Bakterien Nahrung aufnehmen, Gene austauschen, in fremde Zellen eindringen und vieles andere mehr. Sogar das Genmaterial selbst lässt sich in Aktion betrachten: Das Video eines britisch-japanischen Forscherteams etwa zeigt in Echtzeit, wie das fadenförmige Erbmaterial eines Virus durch das Enzym eines Bakteriums angegriffen wird, um es zu zerschneiden.

Dennoch bleibt ein großes Problem bestehen: die Unzugänglichkeit der Bakterien. Zum einen leben sie oft in extremen Lebensräumen. Proben in der Stratosphäre, in der Antarktis, auf dem Grund der Tiefsee, in heißen oder sauren Quellen oder in kilometertiefem Gestein zu nehmen und die Bakterien darin für Laboruntersuchungen am Leben zu erhalten, ist extrem aufwendig.

Das zweite Problem ist die Kultivierbarkeit. Sie ist die Voraussetzung für eine genauere Untersuchung von Bakterien im Labor. Prinzipiell sollte sich jedes Bakterium kultivieren lassen, doch in der Praxis ist es derzeit nur ein verschwindend geringer Bruchteil – vielleicht ein Prozent. Die anderen existieren oder wachsen unter Lebensbedingungen, die sich nicht mit vertretbarem Aufwand aufklären und nachbilden lassen.

Das dritte Problem ist die schier überwältigende Zahl der Bakterien. Es gibt auf der Erde vieltausendmal mehr Bakterienzellen als Sandkörner, und die Schätzungen, wie viele Arten es gibt, gehen weit auseinander. Pro Jahr werden mehrere Tausend neu identifiziert, aber vermutlich sind derzeit nicht einmal ein Prozent aller auf unserem Planeten vorhandenen Bakterienarten entdeckt und beschrieben – Schätzungen variieren zwischen einigen Hundert Milliarden bis zu mehreren Billionen Bakterienarten.

Heute nutzt die Bakteriologie vor allem die Molekularbiologie. Bakterien werden sequenziert, statt sie unter dem Mikroskop oder in einer Petrischale zu betrachten. Damit ist gemeint, dass die Forscher sich darauf konzentrieren, die Reihenfolge der chemischen ›Buchstaben‹ und damit den genetischen Code eines Bakteriums zu entschlüsseln. Statt Organismen zu bestimmen, isolieren die Forscher die Gesamtheit des Genmaterials aus einer Probe. Dann wird die Zusammensetzung dieses Metagenoms, das das Genmaterial von zigtausenden verschiedenen Bakterien enthält, analysiert. Mithilfe von Genbibliotheken und Algorithmen lassen sich in den Proben bekannte Arten identifizieren und neue beschreiben. Die Computeranalysen geben Auskunft, mit welchen bekannten Bakterien sie wie nah oder entfernt verwandt sind, mit welchen enzymatischen Werkzeugen die einzelnen Arten ausgestattet sind und wie und wovon sie vermutlich leben. Aus diesen Analysen lässt sich sogar ableiten, ob sie sich bewegen oder Sporen bilden können. Auf diese Weise konnten Forscher unlängst Hunderte von neuen Bakterien im eigentlich gut erforschten menschlichen Darm entdecken.

Auch auf der Suche nach neuen Wirkstoffen in der Medizin wird heute das komplette bakterielle Genmaterial aus einer Umweltprobe zerschnitten. Die einzelnen Schnipsel des Metagenoms werden nach Größe sortiert und jeweils gut bekannten Bakterien eingefügt. Anschließend lässt sich prüfen, ob diese gentechnisch veränderten Bakterien eine neue Substanz produzieren, die auf andere Zellen einen gewünschten Einfluss hat. Genauso funktioniert die Suche nach neuen Enzymen für die Herstellung oder den Abbau von kommerziell relevanten Stoffen. Diese Arbeit wird im Kleinstmaßstab in winzigen Probengefäßen von Automaten durchgeführt und ausgewertet.

Die modernen Methoden sind äußerst effizient, aber sie lassen die Bakterien als Organismen wieder verschwinden. Kaum ein Bakteriologe betrachtet sie noch unter dem Mikroskop, und für die zeitraubenden Kultivierungsversuche gibt es kaum Förderung. Entscheidend für die Einordnung und Beschreibung von Bakterien sind daher nicht mehr ihr Aussehen, ihre Gestalt oder Lebensweise, sondern ihr genetischer Code. Wissenschaftler, die heute über Bakterien publizieren, nennen häufig nicht einmal mehr die Maße der Zellen, sondern beschreiben Größe und Struktur des Genoms, also der Gene, die ihr Studienobjekt enthält. Allerdings wird es umso schwieriger, unbekannten Genen eine Funktion zuzuordnen, wenn keine Vergleichsmöglichkeiten mit gut beschriebenen, kultivierten Organismen existieren.

Abhilfe sollen neue Methoden wie die Hochdurchsatzkultivierung schaffen. Dabei werden wiederum im Kleinstmaßstab viele unterschiedliche Wachstumsbedingungen parallel getestet, sodass ein Organismus am Ende dann doch in größeren Mengen kultiviert und auf klassische Art und Weise untersucht werden kann.

Doch selbst mit optimaler Laborausstattung kann es Monate dauern, bis die Anzucht einer neuen Art im Labor gelingt. Trotz der immensen Fortschritte in der Molekularbiologie sind Kultivierung, Isolierung und anschließende Hinterlegung neuer Bakterien in einer öffentlich zugänglichen Bakterienstammsammlung nach wie vor eine wichtige Voraussetzung für die Forschung.

Doch auch die Kultivierung im Labor ist nicht der Stein der Weisen. Wie das Wort ›Isolierung‹ schon sagt, bedeutet die Herausnahme der Bakterien aus ihrem Lebensraum den kompletten Verlust aller Interaktionen mit der natürlichen Umgebung und den darin lebenden bakteriellen Lebensgemeinschaften. Verloren geht dabei die Möglichkeit, Stoffwechselgemeinschaften und deren Kommunikation untereinander zu beobachten.

Daher ist in den letzten Jahren das Fachgebiet der mikrobiellen Ökologie entstanden, bei dem Forscher sich bemühen, eine Lebensgemeinschaft zu betrachten. Ihre wichtigsten Instrumente sind dabei Schaufeln, Bohrer und (Druck-)Gefäße, mit denen sich ganze Schichten aus Sedimenten, Böden oder Gewässern entnehmen lassen. Die Proben werden dann nicht nur biologisch oder molekularbiologisch untersucht, sondern es werden Techniken aus Chemie, Physik und Geologie herangezogen, um die Zusammensetzung der Proben und darin stattfindende chemische Prozesse usw. zu untersuchen, um eine Vorstellung vom komplexen Wechselspiel zwischen Bakterien, anderen Organismen und geologischen Faktoren zu gewinnen.

Duftet die Rose anders, wenn wir sie anders nennen?

Die Bezeichnung von Bakterien folgt den traditionellen Gepflogenheiten der frühen Systematik in lateinischer Sprache. Die Gattung wird entsprechend der im 18. Jahrhundert von Carl von Linné in die Biologie eingeführten Taxonomie stets mit einem Substantiv bezeichnet, beginnend mit einem Großbuchstaben. Daran angefügt wird ein kleingeschriebenes Epitheton, das in Kombination mit der Gattung die Art charakterisiert. Beim *Bacillus thuringiensis* ist der Gattungsname also ›Bacillus‹ (Stäbchen), das Epitheton ›thuringiensis‹ verweist auf Thüringen, den Ort seiner Entdeckung. Es gibt mindestens zweihundert verschiedene Bacilli; ein naher Verwandter, *Bacillus anthrax*, ist der Auslöser der Milzbrand-Erkrankung, genannt Anthrax (griechisch: Kohle – ein Verweis auf die für die Erkrankung typischen schwärzlichen Eiterbeulen).

Solange ein Bakterium noch nicht kultiviert wurde, wird seiner Bezeichnung ein ›Candidatus‹ vorangestellt. Das (ungeschriebene) Recht der Benennung einer neuen Gattung oder Art kommt unter Biologen traditionell denjenigen zu, die sie als Erste beschrieben haben. Der Fantasie sind dabei keine Grenzen gesetzt. Manche Bakterien werden zu Ehren anderer Forscher benannt, andere verdanken ihren Namen dem Ort ihrer

Entdeckung oder besonders auffälligen Eigenschaften. *Legionella shakespearei* wurde in Stratford-upon-Avon, dem Geburtsort von William Shakespeare, gefunden, das nahe verwandte Bakterium *Legionella gratiana* erhielt sein Epitheton nach dem römischen Kaiser Gratianus, der in der Antike in der heißen Quelle gebadet haben soll, in der es gefunden wurde. Die Gattung *Basfia* ist nach dem Chemiekonzern BASF benannt, denn der erste isolierte Bakterienstamm dieser Gattung wurde in den Labors des Unternehmens gefunden. Das schleimbildende Bakterium *Deefgea rivuli* trägt seinen Namen zu Ehren der Deutschen Forschungsgemeinschaft (DFG) – ob darin Hintersinn steckt, ist nicht bekannt –, und das *Propionibacterium acnes zappae* soll den Rockmusiker Frank Zappa ehren. Der Entdecker des Bakteriums, der italienische Mikrobiologe Andrea Campisano, ist glühender Zappa-Fan, und nach eigenen Angaben kam die erstaunliche Erkenntnis, dass das Bakterium, das er von einem Rebstock isoliert hatte, zu den Aknebakterien gehört, just in dem Moment, als er das Album *Sheik Yerbouti* hörte, in dem Zappa von »sandgestrahlten Pickeln« singt.

Ursprung des Lebens

Eindeutig nachweisbar ist, dass bereits vor 3,5 Milliarden Jahren Lebewesen die Erde bevölkerten, also knapp eine Milliarde Jahre nach der Entstehung des Planeten. Australische Forscher berichteten im Jahr 2019, dass sie mit dem Elektronenmikroskop in Sedimentgesteinen aus einer 3,5 Milliarden Jahre alten Gesteinsformation in Westaustralien, der sogenannten Dresser-Formation, eindeutig Reste von Biofilmen nachweisen konnten, wie Bakterien sie noch heute produzieren – ein Heureka-Moment, der dem Erstentdecker, Dr. Raphael Baumgartner, buchstäblich den Schlaf raubte.

Man kann davon ausgehen, dass zu jener Zeit Bakterien beziehungsweise ihre Vorfahren die Erde für sich allein hatten. Wie das ausgesehen haben könnte, berichten Höhlenforscher, die in Millionen Jahre alte, unberührte Karsthöhlen vorgedrungen sind: Das Wandgestein ist überzogen von zentimeterdicken, schwach gefärbten Bakterienrasen und deren meist weißlichen Ausscheidungsprodukten – Mondmilch genannt –, von der Decke hängen Snottite (abgeleitet vom englischen Wort *snot* für Schnodder), das sind klebrige, Stalaktiten ähnelnde lange Strukturen aus Bakterien und Fäden ziehendem Schleim. Der Boden ist weich und bröckelig, weil Bakterien ihn in eine breiige Masse verwandelt haben.

Die in Australien aufgefundenen Biofilmreste lassen vermuten, dass die Lebewesen, die diese Strukturen schufen, bereits eine lange Vorgeschichte haben. Und so legen Mikrofossilienfunde und indirekte Spuren aus noch älteren geologischen Formationen nahe, dass Leben vielleicht sogar schon vor 4,3 Milliarden Jahren entstanden sein könnte, also nur hundert Millionen Jahre, nachdem sich erstmals Ozeane bildeten.

Ozeane sind nach Meinung vieler Biologen auch der Ort der Entstehung des Lebens – genauer gesagt, die Umgebung heißer Quellen am Meeresgrund. Sie bilden sich, wenn unterhalb des Meeresbodens Seewasser mit Magma in Kontakt kommt. Dabei erhitzt sich das Wasser, reichert sich mit Mineralien an und schießt mit hohem Druck und einer Temperatur von bis zu 300 Grad Celsius durch Spalten aus dem Meeresboden. Solche Quellen, ›Schwarze Raucher‹ genannt, sind auch heute noch in allen Ozeanen zu finden. In diesem Chemielabor, in dem sich Säure, Mineralsalze, aggressive Gase und Wasser heftig mischen, könnten erste organische Moleküle entstanden sein, die sich schließlich zu größeren und komplexeren Gebilden zusammenschlossen. Wie das im Einzelnen geschah, liegt jedoch im Dunkeln.

Wie die Evolution des Lebens weiterging, schien noch vor fünfzig Jahren klar zu sein: Aus den ersten einzelligen Lebewesen gingen im Lauf der Jahrmillionen die Prokaryonten, zu denen auch die Bakterien zählen, und die sogenannten Eukaryonten hervor. Der charakteristische Unterschied: Bei Prokaryonten befindet sich das genetische Material frei zugänglich in der Zelle, Eukaryonten dagegen besitzen einen Zellkern, in dem das genetische Material durch eine Membran vom Rest der Zelle abgetrennt ist. Zu Letzteren gehören Einzeller wie Amöben und Pantoffeltierchen ebenso wie alle Pilze, Pflanzen und Tiere, einschließlich des Menschen.

Alle Lebewesen mit einem Zellkern enthalten in ihren Zellen Organe, die man Zellorganellen nennt und die in Form und Größe Bakterien ähneln. Es sind die Mitochondrien, die für den Energiestoffwechsel sorgen. Grüne Pflanzen enthalten zusätzlich Chloroplasten, in denen die Fotosynthese abläuft. Da sowohl Mitochondrien als auch Chloroplasten Genmaterial enthalten, das ähnlich aufgebaut ist wie das von Bakterien, nimmt man an, dass es sich bei beiden um Reste von Bakterien handelt, die ursprünglich eine symbiotische Partnerschaft mit den Vorgängern der Eukaryonten eingegangen waren – ähnlich der Symbiose von Algen und Pilzen bei Flechten oder der von Knöllchenbakterien und bestimmten Pflanzen. Im Lauf der Evolution verblieben die bakteriellen Symbiosepartner zunächst permanent in den Zellen, später verloren sie die meisten ihrer Gene an das Genom im Zellkern ihres Partners. Verschiedene Stufen solcher Symbiosen zwischen höheren Organismen und Bakterien – Anlagerung an Zellen, Einwanderung und Leben in Zellen, Verlust eigener Gene usw. – lassen sich auch heute beobachten.

In den 1970er-Jahren änderte sich das fest gefügte Bild von den zwei Domänen des Lebens. Ins Wanken brachte es der amerikanische Mikrobiologe Thomas D. Brock, der im Yellowstone-Nationalpark die Lebensgemeinschaften von schwefelhaltigen vulkanischen Quellen studierte. Zu seiner Überraschung entdeckte er mit seinem Studenten Hudson Freeze noch in den nahezu kochend heißen Zonen der sogenannten Pilzquelle pinkfarbene Matten, die aus Lebewesen zu bestehen schienen. Sie isolierten aus dem Material einen Mikroorganismus, den sie als neue Bakterienart beschrieben und *Thermus aquaticus* (im Wasser lebende Hitze) tauften.

Der Organismus, dessen Fähigkeit, bei 85 Grad Celsius zu leben, zunächst von vielen bezweifelt wurde (als obere Grenze galten Temperaturen von 73 Grad Celsius), schrieb auf zweierlei Arten Geschichte: Seine extrem hitzestabilen Enzyme machten Karriere in der Biotechnologie, denn sie ermöglichten die später mit dem Nobelpreis ausgezeichnete Vervielfältigung von Genmaterial im Labor. Wichtiger aber war noch, dass damit die Jagd auf exotische Bakterien eröffnet war. In rascher Folge wurden mehr und mehr Arten entdeckt, die extrem anmutende Lebensräume bewohnten oder ungewöhnliche Stoffwechseleigenschaften besaßen.

Solche Bakterien wiederum interessierten Mikrobiologen wie Otto Kandler und Karl Otto Stetter in Deutschland und Carl Woese in den USA. Stetter und Kandler untersuchten und verglichen Zellwände von Bakterien, denn sie interessierten sich für Spuren von Urbakterien, von denen sie annahmen, dass sie nur primitive oder gar keine Zellwände besessen hätten. Woese wiederum verglich Organismen anhand ihres Genoms – genauer gesagt, der Ribosomen, die aus einer kunstvoll verknäulten Ribonukleinsäure aufgebaut und in den Zellen aller Lebewesen vorhanden sind. Dort sorgen sie wie eine Art 3-D-Drucker für die Herstellung der Eiweiße, wenn eine entsprechende mRNA im Zellkern als Arbeitskopie gebildet wird und als *messenger* zu den Ribosomen wandert. Ribosomen waren erst 1960 entdeckt worden, und man wusste etwa zehn Jahre später, dass ihre genetische Sequenz stark konserviert ist, das heißt, sie unterscheidet sich bei Tieren, Pflanzen und Bakterien – anders als das Genom im Zellkern – vergleichsweise wenig.

Woese spekulierte, dass sich aus den Variationen Rückschlüsse darüber ziehen ließen, welche Arten gemeinsame Vorfahren haben und wie lange diese Verwandtschaft vermutlich zurückliegt. Er war überzeugt, dass sich dadurch eine Geschichte oder ein Stammbaum des Lebens ermitteln ließe.

Die Forscher lernten sich kennen und tauschten Bakterien und Daten aus. Dass viele der neu entdeckten Exoten eine Zellwand besaßen, die sich von denen anderer Bakterien unterscheidet, bestätigte Woese in seinem Verdacht, es handle sich bei diesen Organismen trotz ihres Aussehens und ihrer Lebensweise gar nicht um Bakterien. Sein Team entwickelte immer neue Tricks, um die genetische Sequenz der Ribosomen dieser Exoten aufzuklären und mit denen ›normaler‹ Bakterien und anderer Organismen zu vergleichen.

Als sie Anfang November 1977 ihre Erkenntnisse veröffentlichten, titelte die *New York Times* wenige Tage später: »Wissenschaftler entdecken eine Form von Leben, die höheren Organismen vorausgeht«.

Woese – ein Eigenbrötler, der nicht gerne reiste, Konferenzen mied und vor allem kein guter Vortragsredner war – gilt heute als der wichtigste Biologe des 20. Jahrhunderts, von dem jedoch außerhalb der Fachwelt noch nie jemand gehört hat.

Inzwischen ist allgemein anerkannt, dass diese Lebewesen – Archaebakterien oder Archaea genannt – neben den Bakterien und Eukaryonten die dritte Domäne des Lebens bilden. Sie teilen mit Bakterien die Eigenschaft, keinen Zellkern zu besitzen und sich durch Teilung zu vermehren, sobald sie eine kritische Größe überschritten haben; mit Eukaryonten haben sie unter anderem bestimmte Mechanismen der Regulation und der Vervielfältigung von Genen gemeinsam, die bei Bakterien völlig anders ablaufen. Forscher sind inzwischen zu der Überzeugung gelangt, dass wir näher mit den Archaebakterien als mit den Bakterien verwandt sind.

Zunächst spalteten sich wohl die Bakterien von einem gemeinsamen universellen Vorfahren ab, den Biologen LUCA getauft haben – eine Abkürzung von *Last Universal Common/Cellular Ancestor.* Umstritten und ungeklärt ist dabei, ob zuerst die RNA und erst später die DNA entstand, LUCA also möglicherweise der RNA-Welt angehörte, und ob es überhaupt einen gemeinsamen Vorfahren gab. In der Frühzeit der Entwicklung des Lebens könnte der Austausch von Genmaterial zwischen verschiedenen Organismen so häufig gewesen sein, dass man eher von einer Ur-Gemeinschaft sprechen könnte.

Übereinstimmung besteht hinsichtlich der Auffassung, dass sich die Wege von Archaea und Eukaryonten erst trennten, als die Bakterien sich schon abgespalten hatten: die Archaea spezialisierten sich auf extreme Lebensräume (heiß, sauer, alkalisch, nährstoffarm usw.), verloren dabei bestimmte Eigenschaften und erwarben neue; die Eukaryonten wurden komplexer und entwickelten sich zu vielzelligen Organismen mit strenger Arbeitsteilung einzelner Zellen und Gewebe – Organe entstanden. Forscher begründen die Spezialisierung der Archaea auf extreme Lebensräume mit der Notwendigkeit, sich gegen Viren zur Wehr zu setzen. Vermutlich war die Frühzeit der Entstehung des Lebens noch viel stärker von vagabundierenden Genen und Viren geprägt.

Bislang nicht erklärt ist ein besonders merkwürdiges Phänomen: Zwar gehören Archaea zur normalen Besiedlung von Pflanzen und Tieren, leben also auch in unserem Darm, aber trotz dieser Nähe wurde unter ihnen bislang keine Art gefunden, die bei Menschen, Tieren oder Pflanzen eine Krankheit auslöst.

Fest steht: Vor etwa 2,7 Milliarden Jahren gab es bereits deutlich unterscheidbare Bakterien und Archaea, 400 Millionen Jahre später entwickelten sich in der Domäne der Bakterien die Cyanobakterien, die Sonnenlicht zur Fotosynthese nutzen können und die sich so rasch vermehrten, dass die Atmosphäre der Erde mit Sauerstoff angereichert wurde – Evolutionsforscher sprechen in diesem Zusammenhang von der ›Großen Sauerstoffkatastrophe‹, weil das Gas für die meisten Lebewesen giftig war und so eines der ersten Massensterben ganzer Arten auslöste. Dieser erdgeschichtlich außerordentlich schnell verlaufende Prozess änderte auch die Farbe der Erdoberfläche durch Oxidation zahlreicher Gesteine von Schwarz zu Rostrot und führte zum raschen Abbau des Treibhausgases Methan – es kam zu einer Vereisung des Planeten und dem Absterben weiterer Arten, darunter auch vieler Sauerstoffproduzenten, sodass der Sauerstoffgehalt wieder fiel und die Erde sich wieder erwärmte.

Vor 1,9 Milliarden Jahren, also wiederum rund 400 Millionen Jahre später, entstanden die ersten Eukaryonten. In dieser Abstammungslinie entwickelten sich später unabhängig voneinander mehrfach komplexe vielzellige Organismen mit unterschiedlichen Zell- und Gewebetypen – und zwar bei bestimmten Algen und Pilzen, den Landpflanzen und den Tieren.

Sie verdanken ihre Existenz dem Sauerstoff und damit den Bakterien, denn komplexe, vielzellige Organismen haben einen hohen und konstanten Energiebedarf. Ihn zu befriedigen, wurde erst durch die Sauerstoffatmung beziehungsweise die Integration von Mitochondrien und bei Pflanzen zusätzlich der Chloroplasten möglich.

Welche Fähigkeiten haben Bakterien?

Bakterien und Archaebakterien sind keineswegs primitive Organismen, die irgendwo in der Evolution stecken geblieben sind. Sie sind hochkomplex aufgebaut und besitzen die Fähigkeit, sich sehr schnell an widrige Lebensumstände anzupassen. Damit konnten sie Lebensräume besiedeln, die Eukaryonten wegen der äußeren Bedingungen (Hitze, Säure, Lauge, Salzgehalt, Schwermetalle, Luftabschluss etc.) verschlossen bleiben. Es lässt sich beobachten, dass ihnen das auch heute noch sehr rasch gelingt, sodass sie selbst Reinräume und Desinfektionsmittel besiedeln – oder Biotope, die wegen chemischer Verseuchung oder stark radioaktiver Strahlung für Eukaryonten lebensfeindlich sind.

Dabei kommt ihnen der modulare Aufbau ihres Genoms zugute. Einzelne Funktionsbereiche sind gleichsam zentralisiert und werden gemeinsam reguliert. Die ›Haushaltsgene‹ für fundamentale Stoffwechselfunktionen und jene für die Gestalt der Zelle finden sich kaum verändert bei vielen Arten; bei Genen für Zusatz- und Spezialfunktionen gibt es eine große Variationsbreite. Die meisten Gene liegen in Form einer DNS-Doppelhelix vor, die etwa so lang wie eine 1-Cent-Münze dick ist. Sie ist jedoch stark verdrillt und zu einem Ring, dem Chromosom, geschlossen, von dem die meisten Bakterien nur eines besitzen, einige wenige auch zwei. Für mehr Flexibilität sorgen Plasmide. Das sind weitere, ebenfalls meist ringförmige, aber deutlich kleinere DNA-Doppelstränge. Auf ihnen liegen meist Erbinformationen, die für spezielle Stoffwechselwege, unter anderem auch für den Abbau von Antibiotika, wichtig sind. Diese Plasmide können aktiv ausgetauscht oder als Fundstücke aus der Umgebung aufgenommen werden, etwa nach dem Zerfall anderer Bakterien. Plasmide sind der Grund dafür, dass sich Antibiotikaresistenzen sehr rasch unter Bakterien verbreiten und dabei auch von anderen Arten übernommen werden.

Obwohl sie Einzeller sind, verfügen Bakterien über eine Reihe spezialisierter Strukturen. Im Inneren ihrer Zellen bilden manche Bläschen zur Speicherung von Gasen, die sie für ihren Stoffwechsel oder zum Auf-und-ab-Schweben in Gewässern benutzen. Andere haben ›Container‹, um dort bestimmte Moleküle einzulagern oder abzubauen. Hinzu kommen Strukturen wie etwa die Magnetosomen, mit denen sich manche Bakterien am Magnetfeld orientieren können.

An der Außenseite können sich Flagellen genannte Geißeln befinden, mit denen sich Bakterien in Flüssigkeiten gezielt bewegen können. Sie sind, abgesehen von Spermien, die einzigen Organellen, die rotieren. Ein chemisch betriebener winziger Motor in den Zellmembranen sorgt für den Antrieb, ein ausgefeiltes System von Sensoren und molekularen Schaltmechanismen für die Steuerung. Manche Bakterien können sogar wie eine Schiffsschraube die Drehrichtung umkehren.

Bei der Orientierung helfen Sensoren, die auf Licht, Magnetfelder oder chemische Stoffe reagieren. Pili, das sind klebrige ›Haare‹, die aus Eiweiß bestehen, helfen bei der Anheftung an Nahrung, den Untergrund oder an Zellen von Pflanzen und Tieren, um in sie eindringen zu können. Spezielle Fruchtbarkeits-Pili dienen der Vorbereitung eines Austauschs von Genmaterial. Der ausgestreckte F-Pilus des Spenders wird vom Empfänger abgebaut, sodass die beiden Zellen sich nähern. Ist der Abstand gering genug, verschmelzen die Zellmembranen vorübergehend und bilden einen Kanal, über den Gene ausgetauscht werden. Das ist keine echte Sexualität, hilft aber dennoch der Verbreitung von Genmaterial.

Für die Vermehrung ist der Austausch von Genmaterial jedoch nicht Voraussetzung. Unter günstigen Bedingungen wachsen Bakterien sehr rasch. Wenn eine bestimmte Größe erreicht ist, verdoppeln sie ihr Genom. Anschließend trennen sich die beiden Ringe und wandern zu unterschiedlichen Polen der Zelle. Dann schnüren sich die Bakterien in der Mitte ein, bis zwei Zellen entstanden sind, die sich anschließend teilen. Der ganze Vorgang dauert nur etwa 20 Minuten, unter günstigen Bedingungen kann sich eine Bakterienpopulation also innerhalb von knapp 20 Minuten verdoppeln – ein Umstand, den man bedenken sollte, bevor man verderbliche Lebensmittel bei Zimmertemperatur herumstehen lässt.

Eine weitere Erkenntnis von großer Tragweite für die Medizin, für die Vorstellung von der Entwicklung des Lebens und zur Erklärung der raschen Anpassungsfähigkeit der Bakterien und Archaebakterien brachte die Entdeckung, dass auch solche Bakterien Gene miteinander austauschen können, die nicht miteinander verwandt sind.

Dazu benötigen sie nicht einmal Pili – manchmal sind Viren daran beteiligt, manchmal nehmen die Bakterien die Gene auch einfach wie Nahrung aus ihrer Umwelt auf, wenn Genmaterial von anderen Bakterien freigesetzt wird. Das kann geschehen, wenn die Bakterien sich unter dem Einfluss von Viren oder plötzlichen Veränderungen ihrer Umwelt auflösen.

Zum ersten Mal beobachtete das Phänomen der US-amerikanische Mediziner Victor J. Freeman in den 1950er-Jahren. Er untersuchte *Corynebacterium diphtheriae*, den Erreger der Diphtherie, um zu verstehen, warum manche Stämme, die nicht in der Lage sind, die Symptome der Krankheit auszulösen, plötzlich doch virulent werden und bei den Infizierten lebensbedrohliche Infektionen hervorrufen. Er nutzte bestimmte Viren, um die Stämme näher zu charakterisieren – eine übliche Methode der Bakteriologie. Bei diesen Viren handelt es sich um Bakteriophagen (wörtlich: Bakterienfresser), die Bakterien angreifen. Sie sind meist sehr selektiv und können nur bestimmte Bakterienstämme infizieren, eignen sich daher gut dazu, verschiedene Bakterienstämme voneinander zu unterscheiden. Die Infektion ist mit bloßem Auge erkennbar, wenn die Bakterien in Petrischalen kultiviert werden, denn bei einer Infektion lösen sich die Kolonien auf.

Zu seiner Überraschung bemerkte Freeman 1951, dass einige der zuvor nicht virulenten *C.-diphtheriae*-Stämme hoch virulent wurden, nachdem er sie mit Bakteriophagen infiziert hatte. Des Rätsels Lösung: Das Virus überträgt das für die Bildung des Gifts notwendige Gen auf das Bakterium, und das Diphtheriebakterium kann nach dieser Infektion mit dem Virus die Erkrankung auslösen.

1959 entdeckten schließlich japanische Forscher, dass Bakterien verschiedener Arten genetisches Material miteinander austauschen konnten, das ihnen die Fähigkeit verlieh, resistent gegen bestimmte Antibiotika zu werden.

Die rasche Weitergabe von Resistenzfaktoren zwischen Bakterien hat sich inzwischen zu einem globalen Problem für die Bekämpfung von bakteriellen Infektionen mit Antibiotika entwickelt. Immer mehr Krankheitserreger werden gegen eines oder mehrere Antibiotika resistent, und es gibt bereits Erregerstämme, die gegen alle verfügbaren Antibiotika resistent geworden sind.

Der Transfer von Genmaterial findet aber nicht nur zwischen verschiedenen Bakterienarten statt. Mittlerweile ist das als ›horizontaler Gentransfer‹ bekannte Phänomen an zahlreichen Arten beobachtet worden: Bakteriengene befinden sich in Pilzen, höheren Pflanzen, Insekten und Würmern, Pflanzengene in Pilzen, Bakterien und Tieren, ja selbst menschliche Gene, die auf Einzeller übertragen wurden, sind schon gefunden worden.

Der Mensch selbst, so schätzen Genetiker, trägt in seinem Genom mehrere Dutzend Gene fremder Organismen. Etwa vierzig davon sind bakteriellen Ursprungs.

Bei Bakterien, die unter Luftabschluss leben, stammen im Durchschnitt etwa 16 Prozent des Genoms aus horizontalem Gentransfer. Betrachtet man ausschließlich Gene, die für den Stoffwechsel verantwortlich sind, sind es sogar ein Drittel. Bei aerob lebenden Bakterien stammen nur etwa acht Prozent der Gene von fremden Arten – warum, ist nicht bekannt. Aber auch hier sind vor allem Gene betroffen, die zur Anpassungsfähigkeit und zur Verwertung neuer oder mehrerer Energiequellen beitragen.

Die Ergebnisse zeigen, dass die Anpassungsfähigkeit von Bakterien in der Regel eher weniger auf Mutationen beruht als auf dem Einbau von bereits existierenden Genen oder Genkassetten.

Eine wichtige Rolle spielt der horizontale Gentransfer auch für die Entwicklung der Archaea. So stammen zum Beispiel die Gene der *Methanosarcina*-Archaebakterien, die ihnen die Fähigkeit verleihen, Acetat in Methan und Kohlendioxid umzuwandeln, von zelluloseabbauenden *Clostridien*.

Das ist kein rein akademischer Befund, denn in diesem Fall scheint der horizontale Gentransfer globale und für viele Organismen verheerende Folgen gehabt zu haben. Vor 252 Millionen Jahren kam es zu einem plötzlichen, massiven Artensterben. In einem Zeitraum von wenigen Zehntausend Jahren starben etwa drei Viertel aller Landtierarten, darunter viele Insekten, und zahllose Landpflanzen aus. Im Meer waren es 95 Prozent der wirbellosen Tiere. Insgesamt starben rund 90 Prozent aller damals lebenden Arten, darunter 99 Prozent aller Wirbeltiere, aus. Betrug der Sauerstoffgehalt der Atmosphäre vor Beginn der Katastrophe noch 30 Prozent (heute: 20,9 Prozent), war er danach, vor allem wegen des weltweiten Aussterbens der Pflanzen, auf etwa 10 bis 15 Prozent gesunken.

Ursprünglich führten Wissenschaftler dieses Massensterben auf großflächige Vulkanausbrüche im heutigen Sibirien zurück, die so viel Kohlendioxid freisetzten, dass dies zu einer dramatischen Veränderung von Atmosphäre und Klima führte. Diese Vulkanausbrüche zählen zu den größten bekannten vulkanischen Ereignissen der Erdgeschichte und förderten so große Mengen an Kupfer, Nickel und Palladium aus dem Erdinnern an die Oberfläche, dass diese Metalle heute in Sibirien abgebaut werden können.

Doch 2012 änderte eine Forschungsreise des US-amerikanischen Geophysikers Daniel Rothman nach China das Bild. Rothman untersuchte durch Bohrungen gewonnene Sedimente aus dieser erdgeschichtlichen Epoche und stellte fest, dass der Gehalt an Treibhausgasen viel zu schnell angestiegen war, um auf geologische Prozesse zurückgeführt werden zu können.

Alternativ kam nur der Einfluss von Lebewesen infrage. Rothmans Gruppe analysierte die Genome der *Methanosarcina*-Bakterien, die auch heute noch für den Großteil des Methanausstoßes aus biologischen Quellen verantwortlich sind. Zu ihrer Überraschung stellten die Forscher fest, dass der Erwerb der Gene für die Methanbildung exakt mit dem Beginn der Katastrophe zusammenfiel. Die zur gleichen Zeit stattfindenden Vulkanausbrüche fügten durch die Freisetzung des Nickels eine weitere notwendige Zutat hinzu: Das methanbildende Enzymsystem benötigt Nickelatome, um zu funktionieren.

Das explosive Wachstum der Archaebakterien, die sich durch den Gentransfer und dank geologischer Prozesse eine ökologische Nische erschließen konnten (den Abbau von organischen Substanzen in tiefen, sauerstofflosen Meeresschichten zu Methan und Kohlendioxid), führte zu massiver Freisetzung dieser beiden Gase. Die Folgen: eine Versauerung der Meere und ein Treibhauseffekt, der das Klima binnen weniger Zehntausend Jahre dramatisch veränderte.

Bakterien erweisen sich jedoch auch in anderer Hinsicht als potenziell transformierender Faktor. Von großer wissenschaftlich-technischer Bedeutung ist die Entdeckung des bakteriellen Immunsystems. Wie höhere Organismen können auch Bakterien und Archaebakterien von Viren befallen werden. Erst vor wenigen Jahren wurde entdeckt, dass dabei ein Immungedächtnis im Spiel ist, das sogar vererbt werden kann. Haben Bakterien eine Virusinfektion erfolgreich überstanden, werden Genabschnitte des Virus in einer Art Container direkt im Erbmaterial der Bakterien aufbewahrt. Der Container besteht aus Gruppen (engl. *cluster*) von kurzen DNA-Abschnitten, die sowohl vorwärts als auch rückwärts lesbar sind – sogenannte Palindrome. Sie sind in diesen Containern mehrfach vorhanden, also wiederholt (*repeats*) und in bestimmten, regelmäßigen Zwischenräumen angeordnet (*regularly interspaced*). Daher steht CRISPR für *clustered regularly interspaced palindromic repeats*, deutsch: nahe beieinanderliegende, mit regelmäßigen Zwischenräumen angeordnete, kurze palindromische Wiederholungen.

Dieser Teil des Mechanismus dient als Immungedächtnis. Die CRISPR-Region mit den Fingerabdrücken der Viren kann bei Bedarf abgelesen und in RNA umgeschrieben werden. Diese RNA bildet dank der palindromischen Sequenzen eine sehr charakteristische Schlaufenstruktur, an der sozusagen der Steckbrief des Virus hängt.

Dann kommt das sogenannte Cas-Enzym ins Spiel, ein weiteres Element des bakteriellen Immunsystems. Es erkennt die Schlaufenstruktur und verklebt mit ihr, wobei es das Endstück mit dem Steckbrief des Virus frei lässt. So kann dieses freie Stück bei einer neuerlichen Infektion mitsamt dem angehängten Cas-Enzym an die passende Stelle im Genom des Virus binden. Das RNA-Endstück mit der Virus-Information am Cas-Enzym dient sozusagen als Spürhund, der es an die richtige Stelle führt. Dort zerschneidet das Cas-Enzym genau die durch die RNA vorgezeichnete Stelle. Die übliche Bezeichnung von CRISPR/Cas als ›Genschere‹ ist also sehr treffend. Sie ermöglicht den Bakterien, Angriffe durch Viren zu überleben. Da das ›Gedächtnis‹ sich im Genom befindet, wird es bei jeder Teilung an jede Tochterzelle weitergegeben.

In der Natur werden an der Schnittstelle zufällig vorhandene DNS-Schnipsel eingefügt, sodass die betreffende Region, die ja von einem Virus stammt, nicht mehr funktionsfähig ist. CRISPR/Cas schaltet also einzelne Gene gezielt ab. Die Veränderung ist von einer natürlich auftretenden Mutation nicht zu unterscheiden.

Das alles bietet aufregende neue Ansatzpunkte für das Verständnis der Biologie der Bakterien und das Wechselspiel zwischen Bakterien und Viren. Transformierend ist jedoch die Möglichkeit, das (archae-)bakterielle Immunsystem für biotechnologische Zwecke auszunutzen. Es ist nämlich auch möglich, mit CRISPR/Cas etwas Neues einzufügen: Gibt man bei der Behandlung DNA-Schnipsel zu, deren Enden zu der Schnittstelle passen, werden sie sehr präzise an der genau bestimmbaren Stelle eingefügt. So lassen sich an definierten Stellen im Erbmaterial beliebiger Organismen Genabschnitte gezielt austauschen oder einfügen. Mit diesem *Genome Editing* werden zahlreiche neue Anwendungen in Medizin, Landwirtschaft und Chemie möglich – denn bislang konnte das Erbmaterial nur ungerichtet verändert werden. Da beliebige Erkennungsstücke ebenso wie das Cas-Enzym für wenig Geld bei zahlreichen kommerziellen Anbietern bestellbar sind, steht Biologen auf der ganzen Welt damit ein preiswertes, schnelles und einfach anzuwendendes Werkzeug zur Verfügung, mit dem das Genmaterial von Organismen schnell und präzise nach Wunsch verändert werden kann. Derzeit werden fast wöchentlich weitere Einsichten, technische Kniffe und neue Anwendungsmöglichkeiten dieser gezielten Genchirurgie veröffentlicht.

Welche Bedeutung haben Bakterien?

Bakterien haben nicht nur die Atmosphäre des Planeten tiefgreifend verändert – sie haben auch die Voraussetzung dafür geschaffen, dass pflanzliches und tierisches Leben, und damit auch die Entwicklung des Menschen, möglich wurde. Auch ihr Anteil an den globalen Stoff- und Energiekreisläufen ist enorm, schon weil ihre Zahl schier unvorstellbar ist.

Schätzungen zufolge gibt es vier bis sechs Quintillionen Bakterien auf der Erde, eine Zahl, die die geschätzte Anzahl aller Sterne im Weltall (siebzig Trilliarden) bei Weitem übersteigt. Ausgeschrieben hat eine Quintillion dreißig Nullen: 1 000 000 000 000 000 000 000 000 000 000.

Bakterien verwerten gelöste Salze, Mineralien, abgestorbenes organisches Material und viele andere chemische Verbindungen und schaffen damit Nährstoffe für Pflanzen und Tiere. Sie verwandeln den Stickstoff aus der Luft in Ammoniak, sodass er Pflanzen und damit auch Tieren für die Herstellung von Eiweiß zur Verfügung steht. Diese Fähigkeit ist ein Alleinstellungsmerkmal der Bakterien und Archaebakterien. Umgekehrt können manche Bakterien auch Nitrate wieder in Stickstoff verwandeln. Sie spielen also eine große Rolle im Stickstoffkreislauf. Ähnliches gilt für den Schwefelkreislauf: Bakterien verwandeln den Schwefelwasserstoff, der bei der Zersetzung von organischem Material entsteht, in Sulfate, die Tiere und Pflanzen benötigen. Auch für den Kohlenstoffkreislauf sind sie relevant. Kohlenstoff, auf dem alles Leben beruht, ist auf der Erde ein relativ seltenes Element, und die Entwicklung von Leben auf Kohlenstoffbasis ist deshalb nur möglich, weil die Lebewesen einen geschlossenen Kohlenstoffkreislauf erzeugen. Bakterien spielen auch eine Rolle bei der Freisetzung von kohlenstoffhaltigen Treibhausgasen wie Kohlendioxid und Methan. Schon allein aus diesen Gründen ist es wichtig, ihre Lebensweise und Lebensbedingungen zu studieren und zu verstehen, wann welche Bakterien in bestimmten Ökosystemen diese Gase freisetzen.

Für Pflanzen und Tiere bedeutsam ist ihre Beteiligung an der Stickstoffversorgung und der Verdauung von zellulosehaltiger Nahrung im Magen von Wiederkäuern. Hinzu kommt ihre Rolle bei der Entstehung von Krankheiten bei Pflanzen und Tieren.

Auch der Mensch hat eine innige Beziehung zu Bakterien. Erstens leben sie auf und in ihm: Haut und Schleimhäute, Zähne, Magen, Darm, selbst die Lunge und möglicherweise sogar das Gehirn sind von Bakterien besiedelt. Im Darm unterstützen sie die Verdauung der Nahrung. Ihre Rolle auf und in anderen Organen ist ungeklärt. Daneben sind sie Verursacher von Infektionskrankheiten und verheerenden Seuchen wie Pest, Cholera, Tuberkulose usw.

Wichtig sind sie aber auch für die Herstellung von Essig, die Haltbarmachung von Gemüse und anderen Lebensmitteln und für die Herstellung von Milchprodukten wie zum Beispiel Dickmilch, Joghurt, Käse usw.

In jüngster Zeit sind sie Produktionsorganismen für alle möglichen Stoffe geworden. Kaum bemerkt von der Öffentlichkeit, hat in den letzten drei Jahrzehnten eine Transformation der chemischen Industrie stattgefunden. Medikamente, Aminosäuren, Vitamine, Farbstoffe, Nahrungsergänzungsmittel und viele Grundchemikalien werden heute von Bakterien hergestellt. Sie können diese Stoffe schneller, mit weniger Energieaufwand und ohne giftige Zwischenprodukte erzeugen. Statt komplexer Anlagen, in denen Dutzende Syntheseschritte bei wechselnden Temperaturen, Druckverhältnissen usw. durchgeführt wurden, von denen jeder die Ausbeute reduziert, stehen in den Fabriken heute Stahltanks, ähnlich den Braukesseln, die beim Bierbrauen verwendet werden. Darin leben Bakterien, die das gewünschte Produkt aus einfachen Ausgangsstoffen herstellen.

Oft werden statt lebender Bakterien auch einfach deren Enzyme (altgriech. ›in der Hefe‹) verwendet. Sie finden sich heute in fast allen Wasch- und Geschirrspülmitteln und sorgen dafür, dass Stärke, Fett und Eiweiß abgebaut werden, Gras- und Rotweinflecken verschwinden und Fasern geglättet werden – bei 40 Grad Celsius und demnächst schon bei einer Kaltwäsche. Die Enzyme ihrerseits werden im Abwasser von anderen Bakterien abgebaut. Allein in Deutschland sparen Waschmittelenzyme pro Jahr 1,4 Millionen Tonnen Kohlendioxid ein.

Bakterielle Enzyme sorgen in der Textilindustrie für umweltfreundliches Bleichen und den *Stonewashed*-Effekt und bei der Lederverarbeitung für das Reinigen von Lederhäuten. Hersteller von Naturkosmetika, Lebens- und Futtermitteln nutzen sie, um auf chemische Lösemittel oder den Einsatz von synthetischen Stoffen verzichten zu können.

Bakterien mit neuen Eigenschaften zu finden ist nicht schwer. Bakteriologen versetzen sich sozusagen in die Lage von Bakterien und nehmen Proben von Mülldeponien, aus heißen oder sauren Quellen, verseuchten Böden, Salzseen und manchmal nur vom Institutsparkplatz, um dann auszuprobieren, ob die darin enthaltenen Organismen unter den gewünschten Bedingungen einen Stoff herstellen oder abbauen können. So wurden Bakterien entdeckt, die Dioxin oder Kunststoffe zerlegen, und solche, die das Kohlendioxid aus dem Rauchgas von Braunkohlekraftwerken verwerten.

Weitere Technologien erlauben es, die Enzyme für industrielle Zwecke zu optimieren. Sie werden in einem der Natur nachempfundenen Prozess in mehreren Schritten an bestimmte Parameter wie Temperatur, Anwesenheit von Lösemitteln oder pH-Wert angepasst.

Nicht zuletzt birgt das bereits beschriebene CRISPS/Cas zahlreiche mögliche Anwendungen in Medizin, Landwirtschaft und Chemie.

Bakterien in fernen Welten?

Wenn Bakterien also allgegenwärtig und in der absoluten Überzahl sind – gibt es sie dann auch außerhalb der Erde?

Diese Frage drängt sich wegen mehrerer Fakten auf. Erstens können Bakterien in extrem kalten, heißen, sauren und alkalischen Umgebungen leben und hohen Druck ebenso wie Vakuum und harte Strahlung ertragen. Sie überstehen nicht nur Raumflüge, sondern auch ungeschützte Aufenthalte im Weltraum. Zweitens können ihre Sporen Millionen Jahre ohne jede

Nahrung überdauern und dabei keimfähig bleiben. Damit sind Bakterien beziehungsweise ihre Sporen theoretisch in der Lage, in Gesteinsbrocken zu überleben, die bei kosmischen Katastrophen von Planeten ins All geschleudert werden. Am Beispiel des Asteroiden, der vor 66 Millionen Jahren auf die Erde prallte und das Aussterben der Dinosaurier auslöste, haben Wissenschaftler errechnet, dass dabei große Mengen von Gestein ins All geschleudert wurden, wobei die Trümmer in sehr unregelmäßige Orbits um die Sonne gerieten. Zahlreiche Brocken dürften seither auf dem Mars gelandet sein – ebenso wie umgekehrt Marsgestein aus vergleichbaren Ursachen auf die Erde gefallen ist. Einige Stücke dürften sogar die Monde von Jupiter und Saturn erreicht haben. Berechnungen und Simulationen lassen vermuten, dass viele dieser Brocken Bakterien und Bakteriensporen enthielten. Es ist also durchaus möglich, dass Leben auch durch kosmische Ereignisse von Himmelskörper zu Himmelskörper transportiert wird.

Drittens können Bakterien völlig unabhängig von Sonnenlicht existieren. Das Leben auf der Oberfläche der Erde ist ganz und gar vom Sonnenlicht abhängig. Pflanzen leben dank der Fotosynthese und sind Nahrung für zahllose Tiere; von Tieren wiederum leben andere Tiere und vom abgestorbenen organischen Material alle möglichen Lebewesen im Boden und in den Seen, Flüssen und Ozeanen. Das gilt auch für die absolut lichtlose Tiefsee, die durchgehend mit einem Schnee aus abgestorbenem Material versorgt wird, der von oben herunterrieselt.

An den Hydrothermalquellen der Tiefsee, in Tiefengestein und anderen Biotopen (zum Beispiel Seen unter massiven, Millionen Jahre alten Gletschern oder in bestimmten Höhlensystemen) gibt es jedoch Bakterien, die ihre Energie ausschließlich aus der Oxidation anorganischer Verbindungen beziehen. Möglicherweise ist Leben auch erst unter diesen Bedingungen entstanden, und die sonnenabhängigen Lebensgemeinschaften kamen erst später hinzu. Teilweise sind rund um die Tiefseequellen im Lauf der Evolution ganze Lebensgemeinschaften entstanden, die weder direkt noch indirekt vom Sonnenlicht abhängig sind.

So könnte auch auf sonnenfernen Himmelskörpern Leben existieren. Auf vielen herrschen nämlich Bedingungen in einem Temperaturbereich von Minusgraden bis zu 120 oder 130 Grad Celsius – eine Temperaturspanne, die irdische Mikroorganismen tolerieren. Beispiele für solche Orte sind der Mars, die oberen Schichten der Venusatmosphäre, die Jupitermonde Io, Europa und Ganymed sowie die Saturnmonde Enceladus und Titan. Gut möglich also, dass dort ebenfalls Leben entstanden ist oder Bakterien, die dorthin geraten sind, Fuß fassen konnten.

Vorläufig aber kennen wir nur das Leben auf der Erde, und dieses Leben gibt nach wie vor viele Rätsel auf: Wie ist es entstanden und wie hat es sich zu seiner heutigen Komplexität entwickelt? Welche Zufälle und Katastrophen waren erforderlich, um Pflanzen und Tiere hervorzubringen, Dinosaurier aussterben zu lassen und aus mausähnlichen Säugetieren Elefanten, Primaten und schließlich den Menschen werden zu lassen? Wie viele große und kleine Ereignisse, wie viele Sackgassen, Massensterben und Konvergenzen gab es?

Höhere Pflanzen und Tiere, darunter auch die Menschen, haben einen sehr langen und komplexen Weg hinter sich. In unseren Genen steckt das Erbe zahlreicher Vorfahren. Demgegenüber zählen Mikroorganismen wie Bakterien und Archaebakterien zu den Organismen, die diese zahllosen Wendungen der

Evolution wesentlich bruchloser überlebt haben. Zwar haben sie sich beständig angepasst und im Lauf der Jahrmillionen immer wieder enorm spezialisiert, aber man kann davon ausgehen, dass ihr grundlegender Bauplan weitgehend gleich geblieben ist. Das eröffnet großartige Einblicke in die Vielfalt des Lebens, die sich aus den Variationen nur weniger Elemente ergeben kann.

Zugleich führt die Beschäftigung mit diesen Lebewesen immer wieder zu Überraschungen.

Mehrere Erkenntnisse haben dabei unser Bild vom Leben und der Evolution verändert. Erstens gibt es drei, nicht zwei Domänen des Lebens: Bakterien, Archaea und Eukaryonten. Zweitens ist nun klar, dass Pflanzen, Tiere und Menschen mit den neu entdeckten Archaea näher verwandt sind als mit den Bakterien. Drittens wissen wir heute, dass Mikroorganismen wesentlich komplexer aufgebaut sind, als Biologen es noch im 20. Jahrhundert für möglich hielten. Dazu hat unter anderem die bereits geschilderte Erkenntnis beigetragen, dass Bakterien ein Immunsystem besitzen. Die vierte Erkenntnis ist die Entdeckung des horizontalen Gentransfers. Sie ist besonders aufregend, denn sie räumt mit der von Darwin geprägten Vorstellung auf, es gebe so etwas wie einen Baum des Lebens – mit klaren Verzweigungen und Verästelungen, anhand derer sich zurückverfolgen lässt, wer von wem abstammt. Tatsächlich aber verwachsen die Äste mitunter wieder miteinander oder bilden Querverbindungen sogar über weite Strecken, das heißt, auch zwischen evolutionär weit entfernten Organismen aus den verschiedenen Domänen, einschließlich des Menschen.

Die fünfte und letzte Erkenntnis ist, dass Menschen und Bakterien zwar denselben Planeten bewohnen, aber in völlig verschiedenen Welten leben. Für uns ist die Welt hell, warm, weit und luftig, für die meisten Bakterien ist sie dunkel, kalt, arm an Sauerstoff und winzig klein. Ihr Aktionsradius ist extrem gering, auch wenn sie passiv durch Luft, Wasser oder Lebewesen über weite Strecken, sogar von Kontinent zu Kontinent transportiert werden können. Wegen ihrer Kleinheit ist selbst Wasser für Bakterien zäher als Sirup. Wenn ihre Geißeln zu schlagen aufhören, stoppt ihre Bewegung nach einer Strecke, die so lang ist, wie ein Atom dick ist. Energie ist knapp, sodass Wachstum und Vermehrung immer wieder zum Stillstand kommen. Daher sind Bakterien nicht nur Überlebenskünstler, sondern extrem anpassungsfähig, wenn es darum geht, sich neue Quellen für Nahrung und Energie zu erschließen. Sie haben transformative Kraft und das Potenzial, ganze Planeten zu verändern.

Welche Einblicke in die Vielfalt des Lebens uns Bakterien und Archaea ermöglichen, soll nun anhand von fünfzig ausgewählten Organismen gezeigt werden.

Bakterienatlas

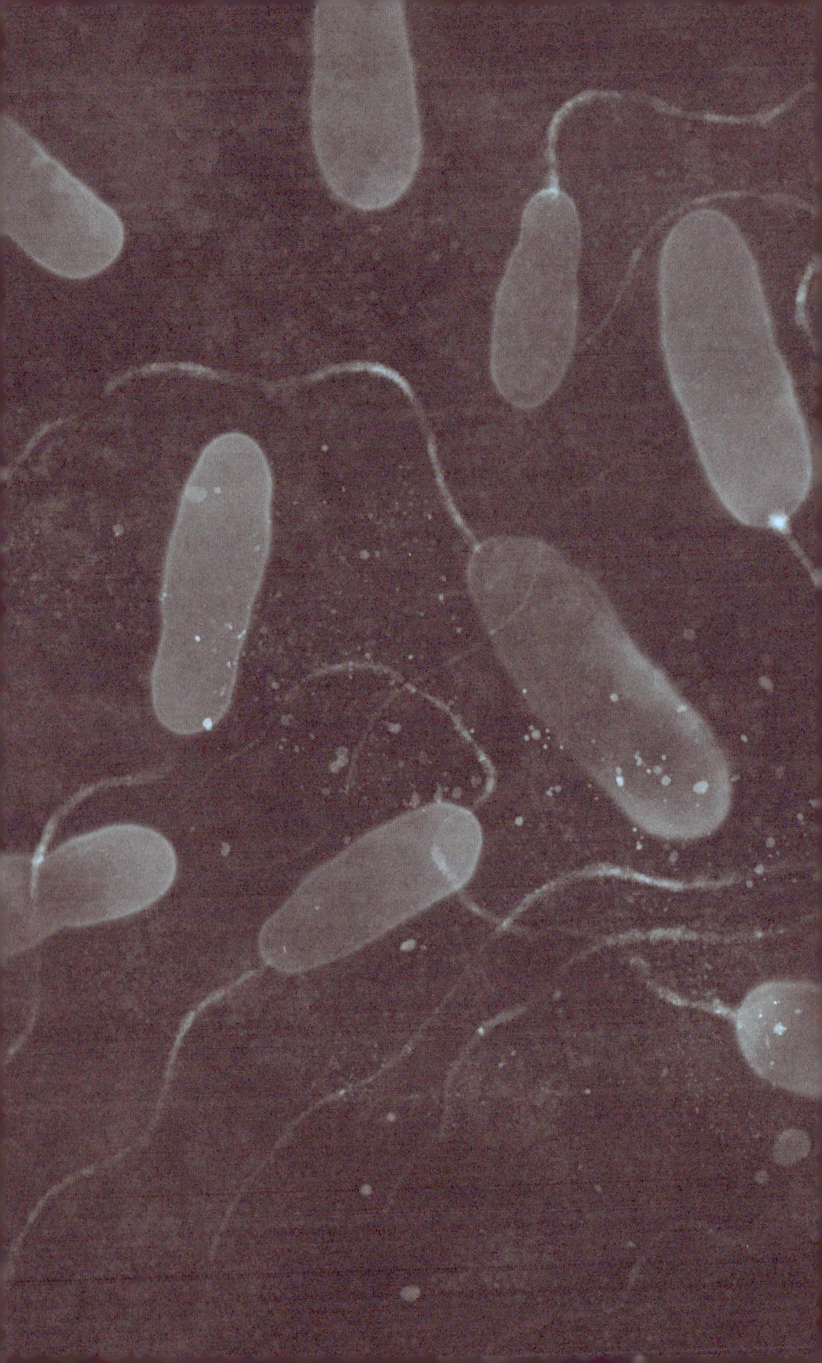

Rekordhalter

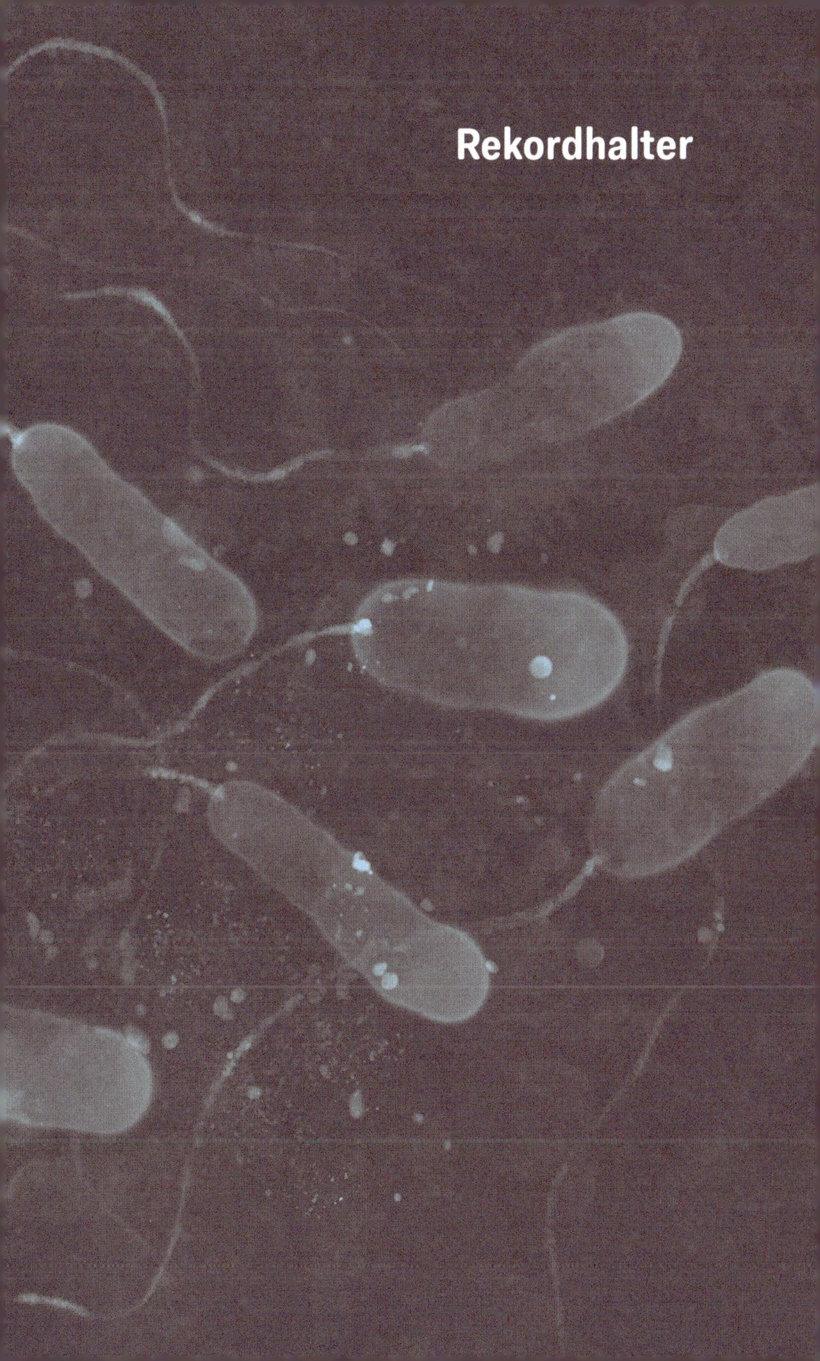

Thiomargarita namibiensis

Die namibische Schwefelperle

DURCHMESSER von 100 bis 300 Mikrometer
FORM lagern sich oft zu einer Kette zusammen, unter bestimmten Umständen aber auch längliche Formen

»Bäume wachsen nicht in den Himmel«, sagt ein Sprichwort, und tatsächlich werden Bäume nur maximal 130 Meter hoch. Es sind physikalische Faktoren, die diese Grenze setzen: Bäume können Wasser nicht aktiv transportieren, erst durch die Verdunstung von Wasser über die Blätter entsteht ein Druckgefälle, das Wasser von den Wurzeln her nach oben fließen lässt. Das funktioniert jedoch nur bis zu einer Höhe von maximal 130 Metern.

Bei Tieren setzen Schwerkraft und Energiebilanz dem Wachstum Grenzen, bei Bakterien die Diffusionsgeschwindigkeit, also das Tempo, mit dem Nährstoffe und Gase sich innerhalb einer Zelle bewegen können.

Umso überraschender war die Entdeckung von *Thiomargarita namibiensis*, denn dieses Bakterium scheint auf den ersten Blick den geschilderten physikalischen Gesetzmäßigkeiten zu widersprechen. Es erreicht einen Durchmesser von bis zu 0,75 Millimeter und ist damit etwa so groß wie der Punkt am Ende dieses Satzes – und damit das bislang größte bekannte Bakterium und eines der wenigen, das mit bloßem Auge sichtbar ist. Wären durchschnittliche Bakterien so groß wie Schmetterlingsraupen, hätte *Thiomargarita* die Größe eines Blauwals.

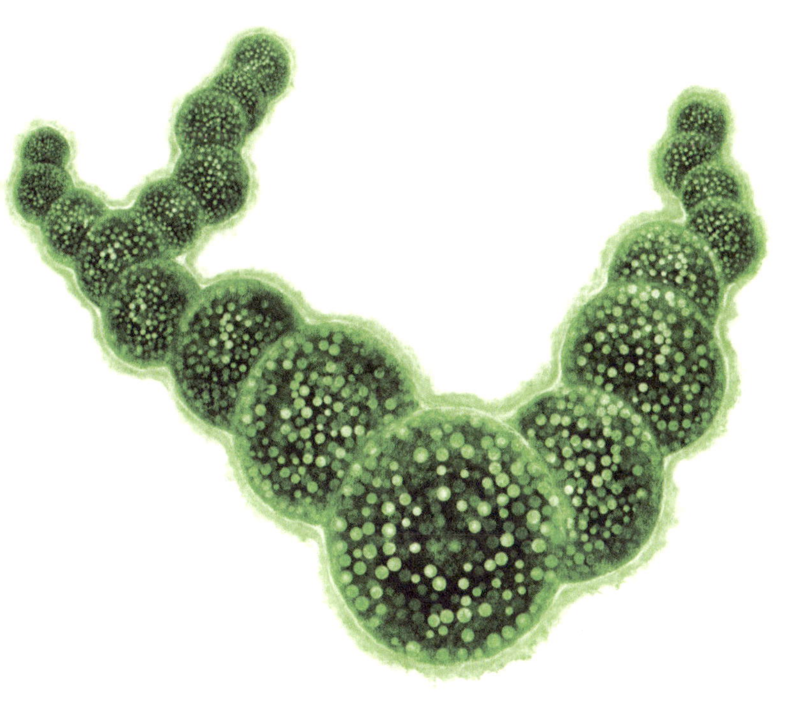

Doch nur etwa zwei Prozent des Volumens dienen Funktion und Fortpflanzung, der Rest sind Vorräte. Das Bakterium ist also ein Scheinriese.

Die namibische Schwefelperle wurde 1997 von einer Bremer Mikrobiologin entdeckt, als sie an Bord des russischen Forschungsschiffes *Petr Kottsov* Sedimentproben aus der Walvis-Bucht vor der Küste Namibias inspizierte. Die Forscherin war anderen Schwefelbakterien auf der Spur, und die Größe der Schwefelperle war so irritierend, dass sie und ihre Kollegen zunächst nicht glauben konnten, dass sie eine neue Bakterie aufgespürt hatten.

Inzwischen wurden *Thiomargarita namibiensis* beziehungsweise enge Verwandte auch in anderen Meeresregionen gefunden. Schwefeleinschlüsse, die das Licht brechen, verleihen den einzelnen Zellen Perlglanz. Überdies bildet *Thiomargarita* lange, mitunter verzweigte Ketten aus vier bis zwanzig oder sogar fünfzig Zellen, die durch eine Schleimhülle zusammengehalten werden.

Die Zellen sind so riesig, weil die Schwefelperle Vorräte anlegen muss. Sie lebt am Meeresgrund, der vor der namibischen Küste reich an Sulfiden ist. Diese oxidiert sie, indem sie Nitrat reduziert – und zwar ganz ohne Sauerstoff. Mit dieser Fähigkeit hat *T. namibiensis* sich eine Energiequelle erschlossen, die andere Bakterien bei Sauerstoffabschluss nicht nutzen können.

Doch Nitrate stehen der Schwefelperle nur zur Verfügung, wenn sie Kontakt zum nitrathaltigen Meerwasser hat. Der aber bleibt oft monatelang aus, denn der zähe Schlamm am Meeresboden wird durch häufige Methangasausbrüche und Strömungen immer wieder aufgewirbelt und begräbt die Bakterien unter sich. Kommt die Bakterie aber einmal mit Frischwasser in Kontakt, lagert sie sehr schnell große Mengen Nitrat ein, das in einem großen Ballon gespeichert wird, der bis zu 98 Prozent des Volumens der Zelle ausmachen kann. Von diesen Vorräten kann die Bakterie mehrere Jahre leben, bis ein erneutes Aufwühlen des Meeresbodens – etwa durch Stürme, die das Meer aufpeitschen – sie wieder in Kontakt mit Wasser bringt.

Sobald das geschieht, nimmt sie erneut Nitrat auf. Die Nitratkonzentration in ihrem Inneren kann schließlich bis zu zehntausendmal höher sein als im Meerwasser. Mithilfe des Sauerstoffs, der ebenfalls mit dem Wasser transportiert wird, bildet sie zugleich Phosphatvorräte für den Stoffwechsel. Die werden, sobald die Bakterie wieder vom Wasser abgeschnitten ist, ebenfalls zur Energiegewinnung genutzt.

Der Phosphatumsatz von *T. namibiensis* und ihre Präsenz im Meeresboden vor der Küste Namibias ist so groß, dass sich am Meeresboden durch die Bakterien phosphathaltiges Apatit-Gestein bildet. Die Bakterien, die dem Meer damit lösliche Phosphate entziehen, spielen daher eine wichtige Rolle beim Phosphorkreislauf.

Erst vor Kurzem wurde entdeckt, dass *T. namibiensis* auch noch in anderer Gestalt vorkommt. Im Golf von Mexiko fanden Forscher *T.-namibiensis*-Bakterien, die statt der Perlschnüre Klumpen von zwei bis sechzehn Zellen bildeten, die sich zu blumenkohlartigen Strukturen zusammenballen. Und vor der Küste Costa Ricas wurden schließlich fadenförmige Zellen entdeckt, die an festen Oberflächen anhafteten und von denen sich regelmäßig runde Tochterzellen ablösten.

Für beide Zellformen gilt jedoch: Das Innere der Riesenzelle besteht zum allergrößten Teil aus eingelagerten Vorräten.

Eubostrichus-dianeae-Epibakterium

Das auf Dianes wohlgelocktem Fadenwurm lebende Bakterium

LÄNGE bis zu 120 Mikrometer
DICKE circa 0,4 Mikrometer
PRIMÄRE ENERGIEQUELLE aus der Oxidation von Schwefel

Widersprüchlich zu physikochemischen Prinzipien scheint auch die Existenz des *Eubostrichus-dianeae*-Epibakteriums. Dieses Bakterium hat mit seinem Vulgärnamen – das auf Dianes wohlgelocktem Fadenwurm lebende Bakterium – nicht nur einen der längsten Namen, sondern ist mit einer Länge von 120 Mikrometer auch das längste bekannte Bakterium. Es lebt auf der Oberfläche eines Wurms, und zwar in so großer Zahl, dass diese Mitbewohner dem Wurm das Aussehen eines Wookiees verleihen, einem zotteligen Fantasiewesen aus den beliebten *Star-Wars*-Filmen von George Lucas. Das bislang noch nicht endgültig benannte *Eubostrichus-dianeae*-Epibakterium ist ein fadenförmiges und sehr langes Gammaproteobakterium, das mit der zuvor beschriebenen namibischen Schwefelperle *Thiomargarita namibiensis* → S. 54 verwandt ist. Jeder Wurm trägt bis zu 60 000 dieser Bakterien, die damit bis zu 44 Prozent des Volumens dieses Tiers ausmachen. Sie heften sich mit einem Ende an der Haut des Wurms an und sind so regelmäßig angeordnet, dass das ›Fell‹, das sie bilden, immer gut gekämmt aussieht. Die einzelnen Bakterien können bis zu einem Zehntelmillimeter lang werden – so lang also, dass sie mit bloßem Auge zu erken-

nen sind. Damit sind sie die längsten bekannten Bakterien, die noch in der Lage sind, sich zu teilen. Das Bakterium kann ebenso wie *T. namibiensis* Schwefel oxidieren. Der Schwefel findet sich in Form körniger Einlagerungen zwischen der Zytoplasmamembran und der äußeren Membran der Bakterien.

Wie aber können dann Moleküle die enorme Länge des Bakteriums durchqueren? Möglicherweise liegt es daran, dass das für deren Stoffwechsel gar nicht erforderlich ist, denn die Zelle scheint in ihrem Inneren auf irgendeine Weise unterteilt zu sein. Ein Hinweis darauf ist, dass die Riesenzellen bis zu sechzehn Kopien ihres Genoms besitzen. Damit könnte das Bakterium das Problem umgehen, dass die Diffusion von Nährstoffen oder funktionellen Molekülen zum beziehungsweise vom Genom angesichts der Ausmaße des Bakteriums zu lange dauern würde.

Seinen Namen erhielt der Fadenwurm nach Angaben der Entdecker zu Ehren einer Frau namens Diane Curtis – ihre Identität ist unbekannt. Manchmal wird er fälschlicherweise auch als *E. dianaea* oder *E. dianae* bezeichnet. *E. dianeae* wurde in den 1970er-Jahren im Meer vor der Küste Südfloridas entdeckt, als Biologen und Geologen schwefelhaltige Sedimente untersuchten. Der mikroskopisch kleine Wurm findet sich aber auch vor der mittelamerikanischen Küste in der Karibik. Er ernährt sich von organischen Abfällen, die den Meeresboden bedecken. Sein bakterieller Pelzbesatz ist wohl eine Symbiose – bislang fanden sich auf allen *Eubostrichus*-Arten Proteobakterien, die Sulfide oxidieren und elementaren Schwefel einlagern. Manche sind vollständig, manche nur in bestimmten Regionen bedeckt. Zoologen vermuten, dass die Würmer sich von den Bakterien ernähren und die Bakterien wiederum davon profitieren, dass die Würmer sie beim Durchwühlen der Sedimente mit Nahrung in Kontakt bringen.

Anders als bei allen anderen bekannten *Eubostrichus*-Würmern haften die Proteobakterien bei *E. dianeae* nur mit einem Ende fest an der Körperoberfläche des Wurms. Bei ihrer Vermehrung teilen sie sich trotz ihrer enormen Länge exakt in der Mitte. Was dabei mit der abgetrennten Hälfte geschieht, die keinen festen Kontakt zum Wurm hat, ist bislang ebenso rätselhaft wie der Grund für die Länge des Bakteriums, die es zu einem Rekordhalter in der Domäne der Bakterien macht.

Pelagibacter ubique

Das allgegenwärtige Meeresbakterium

AUSSEHEN meist halbmondförmig gekrümmtes Stäbchen
LÄNGE 0,37 bis 0,89 Mikrometer
BREITE 0,12 bis 0,20 Mikrometer

Wäre unser Darmbakterium *E. coli* so groß wie ein Kaninchen, wäre *P. ubique* so groß wie eine Maus. Das allgegenwärtige Meeresbakterium ist aber nicht nur das kleinste unabhängig lebende Bakterium, sondern auch das wohl effizienteste und zugleich erfolgreichste Lebewesen der Welt. In jedem Liter Meerwasser ist es millionenfach vertreten. Schätzungen zufolge gibt es auf der Welt 10^{27} bis 10^{28} *Pelagibacter*-Zellen, das sind einhunderttausend bis eine Million Mal mehr, als es Sterne im beobachtbaren Universum gibt. Das ist aber nicht der einzige Rekord. Meerwasser ist extrem nährstoffarm. Um zu überleben, müssen Mikroben die notwendigen Nahrungsmoleküle aktiv ins Zellinnere befördern. Auch das kostet Energie. Am Ende muss ein Überschuss entstehen. *P. ubique* lebt an der Grenze dessen, was gerade noch möglich ist: Es hat alles, was für Nahrungsaufnahme, Wachstum und Vermehrung nötig ist – nicht mehr und nicht weniger.

P. ubique ist auch das Raumwunder unter den Lebewesen: Weniger Platz, um einen Stoffwechsel zu unterhalten und die Vermehrung zu gewährleisten, ist kaum vorstellbar. Zwei Drittel des Zellinnenraums dienen dem Stoffwechsel, ein Drittel wird vom Erbmaterial in Anspruch genommen. Sensoren orten

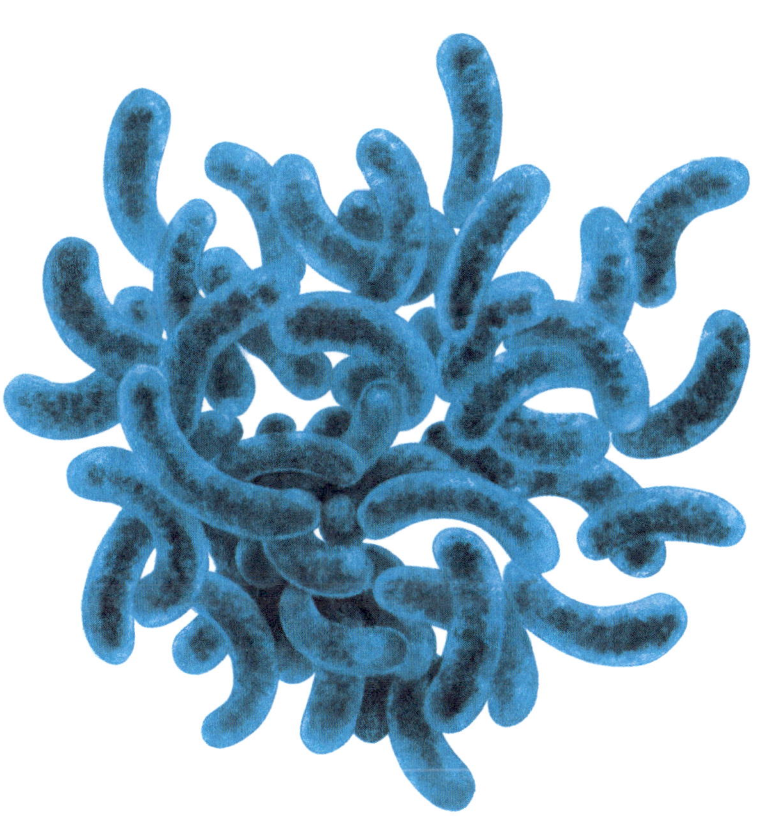

Kohlenstoff-, Stickstoff- und Eisenverbindungen sowie Licht, es gibt alle notwendigen Transportsysteme, und auf dem winzigen Raum sind alle Enzyme versammelt, um die 20 für Lebewesen unverzichtbaren Aminosäuren selbst herzustellen.

Kleiner geht es nur, wenn man auf den Stoffwechsel ganz oder teilweise verzichtet. Viren etwa sind lediglich mehr oder weniger stark verpackte Gene, die in die Zelle eines anderen Lebewesens eindringen und dessen Stoffwechsel kapern.

(Archae-)Bakterien können kleiner werden als *P. ubique*, wenn sie zuverlässig so viel Nahrung zur Verfügung haben, dass sie auf Haushaltsgene verzichten können. Ein Beispiel ist *Mycoplasma genitalium*, ein Krankheitserreger des Menschen, der die Schleimhäute von Harnröhre, Gebärmutter usw. befällt und nur 300 mal 600 Nanometer misst, aber nicht unabhängig existieren kann. 2015 berichteten Forscher die Entdeckung noch kleinerer Bakterien in Grundwasser, aber keines davon wurde bislang kultiviert, und die Fachwelt bezweifelt noch immer deren Existenz.

Auch das Genom dieser Überlebensmaschine ist ein Wunder an Effizienz. Es ist nur 1,3 Millionen Basenpaare groß und enthält knapp 1400 Gene. Kein anderes bislang bekanntes freilebendes Lebewesen kommt mit weniger aus. Nichts Überflüssiges ist im Genom – nur die absolut notwendige Ausstattung. Sogar der genetische Code selbst scheint auf minimalen Energieverbrauch optimiert. *Pelagibacters* Code beruht wie bei allen anderen Lebewesen auf den vier Basen A, C, G und T, doch A und T kommen darin viel häufiger vor als bei anderen Bakterien. Auch hier geht es um Effizienz: C und G enthalten mehr Stickstoff (im Meerwasser ein seltener Rohstoff) und sind damit aufwendiger herzustellen – als würde man einen Text so verfassen, dass sein Druck möglichst wenig Druckerschwärze verbraucht.

Unter seinen nahen Verwandten, den Rickettsiales, ist es ein Exot, denn beinahe alle leben innerhalb von Zellen anderer Lebewesen – viele als Krankheitserreger wie etwa *Rickettsia prowazekii*, der Auslöser des von Läusen übertragenen Fleckfiebers.

Biologen studieren *P. ubique* aber nicht nur wegen seiner erstaunlichen Energieeffizienz und der Organisation seines Genoms. Es hat auch eine enorme ökologische Bedeutung, denn alle *Pelagibacter*-Bakterien zusammengenommen übersteigen das Gesamtgewicht aller Meeresfische. Es macht ein Viertel der bakteriellen Biomasse in den Ozeanen aus, ein Anteil, der in wärmeren Sommermonaten sogar auf bis zur Hälfte steigen kann. Da es von löslichen Kohlenstoffverbindungen lebt, die vor allem durch den Tod anderer Lebewesen entstehen, spielt es eine prägende Rolle im Kohlenstoffzyklus der Erde.

Seine große Zahl macht es auch attraktiv für Feinde: Mittlerweile sind mehrere Viren bekannt, die das Bakterium befallen und auflösen können.

Entdeckt wurde *P. ubique* erst im Jahr 2002. Bis dahin war nur seine ribosomale RNA bekannt, die Forscher 1990 erstmals in Wasserproben aus der Sargassosee gefunden hatten. Das Bakterium war eines der ersten, dessen Existenz mit den damals neuen Identifizierungsmethoden nachgewiesen wurde, aber es gelang nicht, es zu kultivieren. Das glückte erst, als Forscher Nährlösungen und Proben stark verdünnten und einen Farbstoff zusetzten, der in der Lage war, sich spezifisch an die ribosomale *Pelagibacter*-RNA zu heften.

Nasuia deltocephalinicola

Socho Nasus Zwergzikaden-Bakterie

FORM rund
DURCHMESSER etwa 0,1 Mikrometer – mehr Einzelheiten sind bislang nicht bekannt

Für selbstständig lebende Bakterien sind 1400 Gene vermutlich die Untergrenze, noch kleiner geht es nur, wenn ein Bakterium bestimmte Fähigkeiten nicht mehr benötigt. Wie weit sich das treiben lässt, zeigt *Nasuia deltocephalinicola.* Diese in Zwergzikaden lebende Mikrobe ist der Rekordhalter für das kleinste Genom, das je in einer Bakterie entdeckt wurde: Es umfasst etwa 112 000 Basenpaare und nur 137 Gene, die für die Produktion von Proteinen sorgen.

Zikaden ernähren sich von den Säften, die Pflanzen produzieren. Da Pflanzensaft vorwiegend Kohlenhydrate, aber kaum Proteine und andere stickstoffhaltige Bausteine enthält, müssen die Zikaden mit dem spärlich vorhandenen Stickstoff sehr gut haushalten, um Eiweiß aufbauen und wachsen zu können. Dafür halten sie sich zwei verschiedene Bakterienstämme, die in einem Bakteriom genannten Organ leben. Darin gibt es Bakteriozyten genannte Zellen, die die Bakterien umschließen. Anders als Darmbakterien stecken sie also in zellulären Käfigen, die sie nur verlassen können, wenn die Zikade sich fortpflanzt.

Aus den spärlichen Stickstoffquellen stellt *N. deltocephalinicola* im Darm der Zikade zwei Aminosäuren her; weitere achtzehn werden von *Candidatus Sulcia muelleri*, einer zweiten Bakterie, produziert, die ebenfalls Zellen im Bakteriom be-

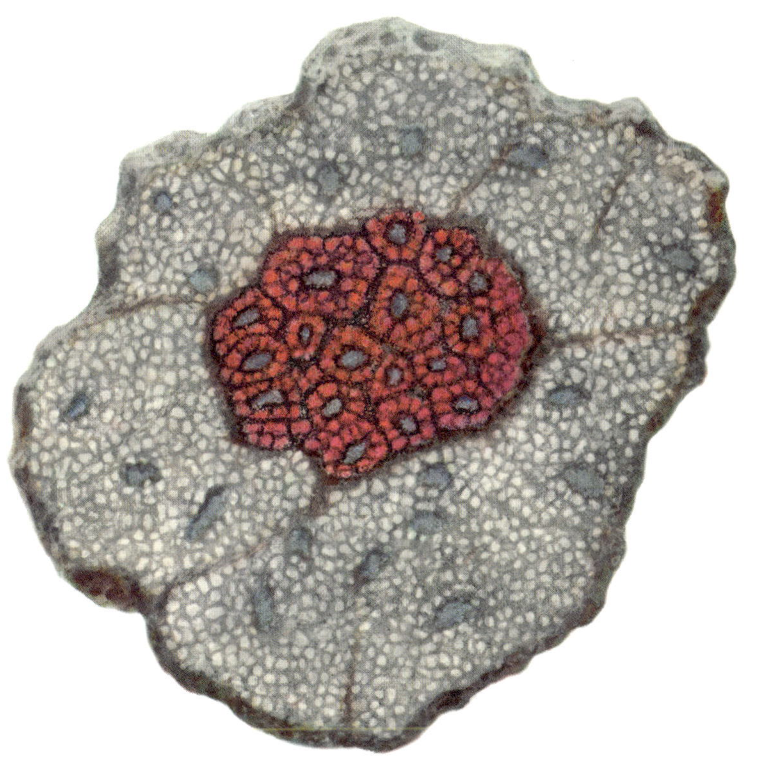

NASUIA DELTOCEPHALINICOLA
[im Bakteriom]

wohnt und wie die berühmten russischen Matroschkapuppen ihrerseits in ihrem Inneren eine weitere Bakterie namens *Arsenophonus* enthält.

Wird ein Zikadenweibchen geschlechtsreif, sammeln sich die Bakterien in der Nähe der Zellen, die die Eier bilden. Von da wandern sie in die Eizelle. Sobald diese befruchtet ist, sich teilt und zu einer Larve heranwächst, landen die Bakterien in Zellen, aus denen später ein neues Bakteriom hervorgeht. Dieser Mechanismus funktioniert so zuverlässig, dass er längst auch von Viren genutzt wird, die im Schutz dieser im Inneren lebenden Endosymbionten von Generation zu Generation wandern.

Fossilienfunde zeigen, dass diese Symbiose zwischen der Zikade und ihren drei Nährbakterien seit mindestens 260 Millionen Jahren existiert. Zu diesem Schluss kommen auch molekulargenetische Verwandtschaftsuntersuchungen verschiedener Zikadenarten und ihrer jeweiligen Endosymbionten, mit denen sich ermitteln lässt, wann die letzten gemeinsamen Verwandten der Bakterien beziehungsweise Zikaden gelebt haben müssen. Heute fehlen den ursprünglich freilebenden Bakterien wesentliche Teile ihres Stoffwechsels. Ähnliche Endosymbiosen finden sich bei allen bislang untersuchten Insekten, die sich von Pflanzensäften ernähren: Manchmal sind Pilze im Spiel, einige Insekten beherbergen Bakterien, die Stickstoff aus der Luft verwerten können, und manchmal wurden im Lauf der Evolution Gene der Bakterien komplett ins Genom der Insekten integriert.

Forscher haben die Genome verschiedener bakterieller Endosymbionten verglichen und zweiundachtzig Gene identifiziert, die allen gemeinsam sind. Sie vermuten daher, dass es sich dabei um die für die Existenz der Bakterien absolut notwendigen ›Haushaltsgene‹ handelt. Zu diesen Genen für die

Grundfunktionen kommen die Gene für die jeweilige ›Dienstleistung‹, die die Bakterie für das Insekt erbringt, das sie bewohnt. Dreiundneunzig Gene, die etwa 73 000 Basenpaare benötigen würden, könnten also die absolute Untergrenze für solche Bakterien sein.

Vermutlich wird im Lauf der nächsten Jahrmillionen die Integration der Bakterien und ihrer Gene weitergehen. Irgendwann besitzt die Zikade vielleicht ein Organ, in dem sie mithilfe der Bakteriengene Stickstoff produziert. Biologen würden dann vermutlich gar keine Fremdorganismen mehr in diesem Organ finden.

Die Beschäftigung mit diesen exotisch anmutenden Bakterien ist aber nicht nur für die Grundlagenforschung interessant. Sie kann enorme praktische Konsequenzen haben, denn ohne diese Symbionten können pflanzensaftsaugende Insekten, darunter viele Schädlinge von Nutzpflanzen (Zikaden, Heuschrecken usw.), nicht existieren. Könnte man also Pflanzen züchten, die diesen Bakterien schaden, würden die Schädlinge absterben, sobald sie von der betreffenden Nutzpflanze gefressen haben – oder sie könnten sich nicht mehr fortpflanzen. Damit stünde ein Mittel zur Verfügung, das gezielt nur einem bestimmten Schädling schaden würde – und das auch nur, wenn er von der Nutzpflanze frisst.

Seinen Genus-Namen erhielt *Nasuia deltocephalinicola* zu Ehren des japanischen Insektenforschers Socho Nasu; das Epitheton verweist auf das Vorkommen des Bakteriums in der Unterfamilie *Deltocephalinae* der Zwergzikaden.

Minicystis rosea

Das rosarote Bläschen

FORM langes, zylindrisches Stäbchen
LÄNGE 3 bis 8 Mikrometer
BREITE 1,2 bis 1,3 Mikrometer
FRUCHTKÖRPER eiförmig
SPOREN rund
Das Bakterium ist auf Sauerstoff angewiesen.

Am anderen Ende der Genomgrößenskala liegt *Minicystis rosea*. Das rosarote Bläschen löste 2014 *Sorangium cellulosum*, den langjährigen Rekordhalter für das größte bekannte Bakteriengenom, ab. Mit sechzehn Millionen Basenpaaren übertrifft es *S. cellulosum* um drei Millionen. Zum Vergleich: Das Genom eines durchschnittlichen Bakteriums umfasst einige Hunderttausend bis wenige Millionen Basenpaare. Im Genom von *M. rosea* stecken vermutlich 14 000 Gene, zehnmal so viele wie bei *P. ubique*. Auch diese Zahl übertrifft die des bisherigen Rekordhalters *S. cellulosum* deutlich und erreicht zwei Drittel der Zahl der menschlichen Gene.

Das Bakterium wurde bei der gezielten Suche nach neuen Myxobakterien in einer Bodenprobe aus den Philippinen entdeckt, die seit Jahren in einer Probensammlung am Zentrum für Biodokumentation des Saarlandes in Landsweiler-Reden schlummerte. Myxobakterien sind aus mehreren Gründen interessant. Zum einen produzieren sie eine Reihe von Stoffen mit biologischer beziehungsweise pharmakologischer Wirkung, zum anderen zeigen sie Anzeichen einer mehrzelligen Lebensweise. Dazu gehört ihre Fähigkeit, sich miteinander zu koordi-

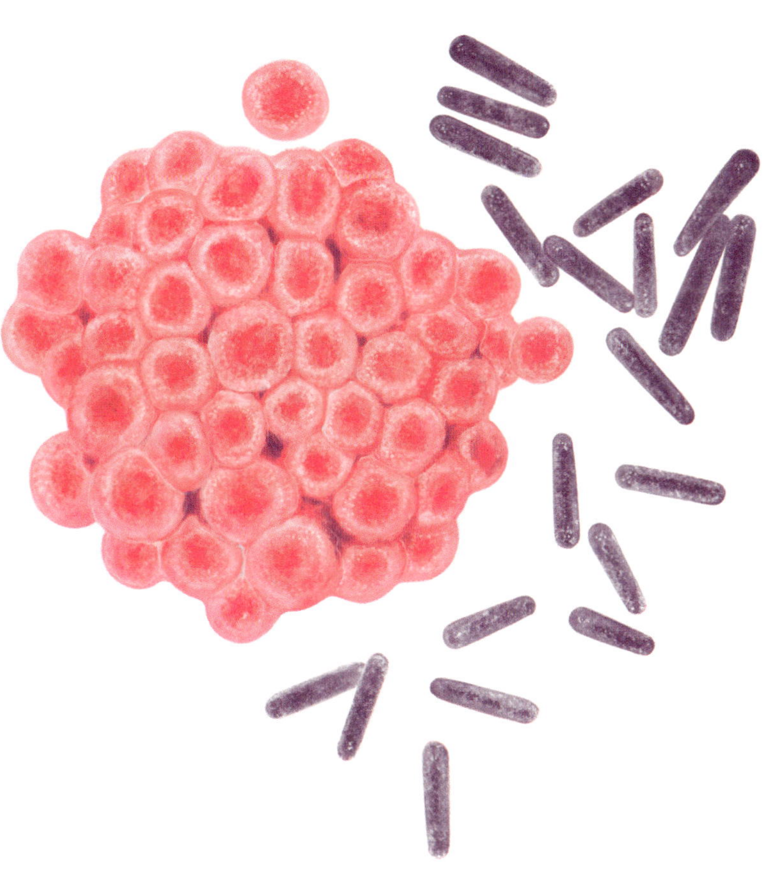

MINICYSTIS ROSEA
[und Fruchtkörper]

nieren. Sie bilden Schwärme, die gezielt auf die Jagd nach anderen Mikroorganismen gehen – Biologen nennen diese Gruppen scherzhaft Wolfsrudel. Haben sie eine nahrhafte Beute aufgespürt, setzen sie Verdauungssäfte frei, die die Nahrung außerhalb des Körpers zersetzen. Die koordinierte Jagd ermöglicht es ihnen, eine ausreichend hohe Konzentration dieser Verdauungsenzyme zu erreichen. Dabei nutzen sie das sogenannte *Quorum sensing.* Dieser biologische Mechanismus, der erstmals Mitte der 1990er-Jahre beschrieben wurde, beruht auf chemischer Kommunikation. Die Bakterien scheiden Stoffe aus, die ab einer bestimmten Konzentration in der Umgebung bestimmte Gene an- oder abschalten. Damit bestimmt die Anzahl der Nachbarn über das Verhalten der Bakterien.

Wenn die Lebensumstände ungünstig werden, bilden die *Minicystis*-Bakterien rundliche Fruchtkörper, die zu Sporen heranreifen. Diese Sporen zeigen nur minimale Stoffwechselaktivität und können geschützt vor Austrocknung und UV-Licht überdauern, bis sich die Nahrungsverhältnisse verbessern.

Da es klein und rund ist, erhielt das Bakterium den Namen *Minicystis*, kleines Bläschen. Die Bezeichnung *rosea* weist darauf hin, dass die Zellen rosa bis rötlich gefärbt sind.

M. roseas Ernährungsweise ist nicht im Detail geklärt. Es kann mit seinen Verdauungssäften andere Bakterien auflösen und es produziert Steroide, eine Eigenschaft, die bei Bakterien selten ist. Diese Fähigkeiten machen es, wie viele andere Myxobakterien, interessant für Medizin und Industrie, und viele Stoffe, die von Myxobakterien produziert werden, zeigen Eignung als Grundstoffe für die Herstellung komplexer Chemikalien oder werden als Medikamente zur Bekämpfung von Krebs oder Infektionskrankheiten getestet.

Ob die Größe seines Genmaterials mit seinen sozialen Fähigkeiten, das heißt seinem höheren Komplexitätsgrad, zusammenhängt, ist ungeklärt. Es muss aber einen Grund geben, denn je größer das Genom, desto aufwendiger ist seine Instandhaltung und Verdopplung bei der Zellteilung.

Bei Bakterien und Archaebakterien gibt es eine halbwegs lineare Beziehung zwischen Genomgröße und Anzahl der Gene, je größer das Genom, also die Anzahl der Bausteine, aus denen die DNA des Organismus aufgebaut ist, desto mehr Gene besitzt die betreffende Mikrobe.

Bei höheren Organismen hingegen gibt es diese Beziehung nicht. Der Mensch hat etwa 20 000 Gene, der deutlich weniger komplex aufgebaute Wasserfloh, derzeit Rekordhalter für die meisten Gene unter den Tieren, hat 31 000. Ähnlich ist es bei den höheren Pflanzen. Für Eukaryonten steht nach Jahrzehnten der Genomforschung fest, dass biologische Komplexität nichts mit der Größe des Genoms oder der Anzahl der Gene zu tun hat – ein Rätsel, das zeigt, dass wir noch immer nicht verstanden haben, wie das komplexe Zusammenspiel zwischen Genom und anderen Faktoren wirklich abläuft. Aus diesem Grund ist *M. rosea* ein lohnendes Forschungsobjekt.

JCVI-syn3.0

Das synthetische Bakterium aus dem J.-Craig-Venter-Institut, Version 3.0

FORM rundlich
DURCHMESSER circa 0,7 Mikrometer

Bakterien eignen sich gut dafür, Struktur und Arbeitsweise des Genoms aufzuklären und mit den komplexeren Strukturen in Eukaryonten zu vergleichen. Aber es lässt sich an ihnen auch die Frage studieren, was denn die Minimalvoraussetzung für das selbstständige Leben eines Organismus ist. Das und die bisherigen Erkenntnisse über den modularen Aufbau des bakteriellen Genoms haben Forscher auf die Idee gebracht, einen Minimalorganismus zu konstruieren, der als *JCVI-syn3.0* bekannt wurde.

Die Bakterie, deren Bezeichnung eher der einer Software ähnelt, ist ein künstlich erzeugtes Bakterium, das nur 473 Gene enthält, weniger als jedes andere freilebende Bakterium. Es ist ein Zwischenschritt auf dem Weg zu *Mycoplasma laboratorium*, einem bislang nicht existierenden Bakterium. Es soll nur diejenigen Gene enthalten, die für das Funktionieren eines Bakterium essenziell sind, und damit eine Art Grundgerüst bilden, dem bestimmte Spezialfähigkeiten zugefügt werden könnten – ähnlich dem Nutzfahrzeugbau, wo auf eine Plattform aus Motor, Getriebe und Fahrwerk verschiedene Aufbauten wie Kasten, Pritsche, Kipper, Kühlkoffer usw. gesetzt werden können. *M. laboratorium* soll eine solche Plattform für die synthetische Biologie bilden, in der die für Wachstum und Vermehrung nötige Infrastruktur vorhanden ist. Später sollen dem Basisgenom

weitere Eigenschaften zugefügt werden, um daraus Organismen für spezielle Zwecke zu schaffen, etwa zur Entfernung von Kohlendioxid aus der Atmosphäre, zur Produktion von Wasserstoff, Treibstoff, Medikamenten und anderen Grundstoffen, für die Zersetzung von Giftmüll, die Anreicherung von Metallen aus Abfällen usw.

Ausgangspunkt für das Team am J.-Craig-Venter-Institut in La Jolla, Kalifornien, sind *Mycoplasma*-Bakterien, die für ihre extrem kleinen Genome bekannt sind. Es sind zumeist Parasiten, die Menschen, Tiere und Pflanzen befallen – beim Menschen verursachen sie unter anderem eine bestimmte Form der Lungenentzündung sowie Harnwegsinfektionen. Sie sind so klein, dass sie im Mikroskop nicht sichtbar sind, und haben, da sie parasitisch leben, im Lauf der Evolution ihre Zellwand verloren.

In einem ersten Schritt nutzte das Team den Krankheitserreger *Mycoplasma genitalium* und zerstörte in zahllosen Schritten systematisch dessen 482 Gene. In einer Veröffentlichung beschrieben die Forscher, dass 382 davon essenziell seien. In einem nächsten Schritt stellten sie das Genom des nahe verwandten Bakteriums *Mycoplasma mycoides* (1017 Gene) anhand der digitalisierten Gensequenz durch Automaten chemisch her und transplantierten es in Zellen des Bakteriums *Mycoplasma capricolum*, dessen Genom zuvor entfernt wurde.

Die synthetisch geschaffenen *M.-mycoides*-Bakterien, *JCVI-syn1.0* genannt, zeigten die erwarteten Eigenschaften und waren in der Lage, sich zu vermehren.

Diese Erkenntnisse wurden in einem nächsten Schritt genutzt, um einen funktionierenden Organismus mit noch weniger Genen zu schaffen: *JCVI-syn3.0*. Von den 473 Genen, die es enthält, ist von einem Drittel bislang nicht bekannt, welche Funktion sie haben. Dieser überraschende Befund belegt, wie wenig bislang über die für Organismen lebenswichtigen Funktionen bekannt ist.

Ein weiteres Komplettgenom eines Organismus, das vollständig synthetisch erzeugt wurde, ist *Caulobacter ethensis-2.0* (das Epitheton *ethensis* verweist auf die ETH Zürich, an der es hergestellt wurde). Einen zugehörigen, funktionsfähigen Organismus gibt es jedoch noch nicht. Das synthetische Genom beruht auf *Caulobacter crescentus*, einem Süßwasserbakterium, das Biologen studieren, weil bei seiner Teilung unterschiedliche Tochterzellen entstehen. Anders als das von Venter hergestellte *M.-mycoides*-Genom ist das von *C. ethensis-2.0* nicht eins zu eins kopiert, sondern wurde am Computer vereinfacht, ohne dabei die eigentliche genetische Information zu verändern. Dazu entfernten die Forscher sogenannte Redundanzen im Genom. Der genetische Code kennt nämlich so etwas wie Synonyme: So bestimmen die Dreiercodes (Biologen sprechen von Tripletts oder Codons) UUA, UUG, CUU, CUC, CUA und CUG allesamt den Einbau der Aminosäure Leucin in ein Protein – so wie die Wortbedeutung ›außerdem‹ in einem Text durch Worte wie ›auch‹, ›zudem‹, ›weiterhin‹, ›zusätzlich‹, ›ferner‹ usw. ausgedrückt werden kann.

Am Ende war etwa ein Sechstel aller 785 000 DNA-Bausteine verändert. Erste Tests auf Funktionsfähigkeit der einzelnen Gene ergaben, dass mehr als 80 Prozent der neu geschriebenen essenziellen Gene funktionsfähig waren.

Diese Ergebnisse lassen Forscher hoffen, dass die Herstellung von Organismen mit künstlich hergestellten Genomen einfacher sein könnte als vermutet.

2019 berichteten Forscher der Universität Cambridge über die Herstellung eines *E.-coli*-Bakteriums mit einem künstlichen Genom. Sie hatten ebenfalls am Computer sämtliche Redundanzen aus dem Genom entfernt – insgesamt 18 214. Anschließend wurde das vereinfachte Genom stückweise synthetisch hergestellt und nach und nach in *E.-coli*-Bakterien eingesetzt, bis sie das natürliche Genom komplett ersetzt hatten. Die neuen Organismen, *syn61* getauft, vermehren sich wie ihre natürlichen Vorbilder. Allerdings ist die Teilungsgeschwindigkeit etwas herabgesetzt und die Organismen mit dem künstlich hergestellten und vereinfachten Genom fallen etwas größer aus.

Die Verschlankung des Genoms hat durchaus praktische Bedeutung. *E. coli* → S. 270 wird als Produktionsorganismus in der Industrie genutzt, und Virusbefall kann zu kostspieligen Produktionsausfällen führen. Dank des umgeschriebenen Codes können Viren die Zelle nicht mehr so einfach für die eigene Vermehrung nutzen.

Die Forscher planen zudem, die entfallenden Codons durch weitere Eingriffe für zusätzliche Anweisungen an die Zelle zu nutzen, etwa um künstliche Aminosäuren in Proteine einzubauen. Damit könnten Eiweiße mit völlig neuen Eigenschaften geschaffen werden, die als Arzneimittel beziehungsweise technische Enzyme eingesetzt werden könnten. Ein solcher Einbau von Aminosäuren, die in der Natur nicht vorkommen, ist anderen Forscherteams bei *E. coli* bereits gelungen.

Solche Pläne haben in der Öffentlichkeit Aufsehen erregt, weil die Herstellung dieser Organismen mit religiösen Vorstellungen assoziiert wird. Nüchtern betrachtet sind solche Bakterien nur eine Fortsetzung der Entwicklung von Produktionsorganismen, die seit Jahrzehnten in Labors und Industriebetrieben eingesetzt werden, um Aromen, Vitamine, Aminosäuren oder Medikamente herzustellen.

Auch bei diesen Organismen ist das Genom durch zahlreiche Eingriffe stark verändert. Es ist optimiert für die Produktion der gewünschten Chemikalien und so manipuliert, dass die Produktionsbakterien außerhalb von Labors und Zuchtbehältern nicht überleben können. Einigen wurden Gene aus dem Genom des Menschen eingesetzt, sodass sie menschliche Hormone wie das Insulin herstellen, das Diabetiker sich regelmäßig injizieren können, ohne Abwehrreaktionen ihres Körpers befürchten zu müssen, wie das beim zuvor verwendeten Schweineinsulin der Fall war. Sind sie deshalb Chimären aus Mensch und Bakterie? Kommen ihnen menschliche Qualitäten zu?

Ähnliches gilt auch für Nutzpflanzen sowie Nutz- und Haustiere, die wir Menschen bis zur Unkenntlichkeit verändert haben. Aus dem unscheinbaren Wildkohl haben wir Rosenkohl, Grünkohl und Brokkoli gezüchtet, aus dem Wolf Hunderassen wie Bernhardiner, Mops und Chihuahua. Forscher haben Jahrzehnte gebraucht, um die natürliche Ursprungspflanze des Mais zu identifizieren, und unser Weizen ist eine Züchtung aus mindestens drei Getreidearten. Der einzige Unterschied: Diese Veränderungen haben so lange gebraucht, dass sie uns als natürlich erscheinen. Aber kann das menschliche Zeitempfinden moralischer Maßstab sein?

Lysinibacillus sphaericus

Die rundliche, lysinhaltige Bakterie

FORM stäbchenförmig
LÄNGE 1,9 bis 2,3 Mikrometer
DURCHMESSER 0,6 bis 0,7 Mikrometer

Mehrzellige Lebewesen haben eine höchst unterschiedliche Lebensdauer – von der sprichwörtlichen Eintagsfliege (deren kurzer Existenz aber monatelange Larvenstadien vorausgehen) bis zur Galapagos-Riesenschildkröte, die es auf 177 Jahre brachte. Rekordhalter ist derzeit eine 507 Jahre alte Islandmuschel, deren Alter sich anhand der Zuwachsstreifen auf ihrer Schale bestimmen ließ. Dennoch haben sie alle eines gemeinsam: Sie altern und sterben.

Auf Bakterien trifft das nicht zu. Sie wachsen, teilen sich, die Nachkommen wachsen erneut, um sich zu teilen, und so geht die Reihe in einem fort weiter. Natürlich können Bakterien durch plötzliche Veränderungen ihrer Umwelt umkommen, aber sie altern nicht und haben überdies einen erstaunlichen Anpassungsprozess entwickelt, um schlechte Zeiten zu überleben: Sie bilden Dauerstadien, in denen der Wassergehalt herabgesetzt und der Stoffwechsel fast vollständig eingestellt wird. So können sie Trockenheit, Hitze, chemische Einflüsse und sogar UV- und kosmische Strahlung überstehen.

Wie lange sie dabei lebensfähig bleiben, ist eine Frage, die Biologen beschäftigt, seit in drei Meteoriten – Allan Hills (ALH) 84001, Shergotty und Nakhla – Strukturen gefunden wurden, die manche Wissenschaftler als fossile Reste von Bakterien deuten.

Alle drei stammen vom Mars und wurden bei einer kosmischen Katastrophe, vermutlich dem Einschlag eines großen Asteroiden, ins All geschleudert. Millionen Jahre später landeten sie auf der Erde. Könnten Meteoriten also Lebewesen von Planet zu Planet befördern? Diese Panspermie-Hypothese wird seit Jahrzehnten diskutiert.

Derzeit gilt *Lysinibacillus sphaericus*, früher als *Bacillus sphaericus* klassifiziert, als Rekordhalter für den längsten Schlaf. Es überdauerte in Bernstein, im Darm einer Biene, die vor 25, vielleicht sogar 40 Millionen Jahren in Baumharz eingeschlossen wurde. Als das geschah, bevölkerten noch zwei Meter hohe Riesenlaufvögel die Welt, es gab fuchsgroße Urpferde und die ersten Primaten, die etwa die Größe einer heutigen Katze hatten.

Die Wissenschaftler, die den Bernstein mit der Biene Millionen Jahre später im Labor untersuchten, konnten 1995 überzeugend belegen, dass die Sporen, die auf dem Nährboden anwuchsen, tatsächlich aus dem Darm der Biene und nicht etwa aus Verunreinigungen durch die Umgebung stammten. Anhand der Gensequenz stellte sich heraus, dass die Bakterien *L. sphaericus* ähneln, einem weitverbreiteten, äußerst vielseitigen und anpassungsfähigen Bodenbakterium, das auch heute noch den Darm von Bienen bevölkert und ihnen bei der Verdauung ihrer Nahrung hilft. Die genetischen Unterschiede zu heute lebenden *L.-sphaericus*-Bakterien bestätigen das angenommene Alter des Bernsteins.

Im Jahr 2000 behauptete ein anderes Team, es habe ein Bakterium aus Salzkristallen isoliert, die sich vor 250 Millionen Jahren bildeten. Sie tauften die wieder erwachte Mikrobe *Bacillus permians* und hinterlegten – wie es übliche Praxis ist – Exemplare in einer Bakteriensammlung. Doch Kollegen, die das

Bakterium nachuntersuchten, meldeten Zweifel an: Sie fanden, dass *B. permians* genetisch weitgehend identisch mit dem im Toten Meer lebenden *Salibacillus marismortui* war. Mittlerweile wurde auch gezeigt, dass der Salzstock, aus dem das Bakterium stammt, wie viele andere periodisch von Wasser durchzogen wird. Wahrscheinlich gelangte das Bakterium also erst in neuerer Zeit in die Salzkristalle.

Lysinibacillus sphaericus erhielt seinen Namen wegen der Anwesenheit lysinhaltiger Bausteine in seiner Zellwand. Sein Epitheton bedeutet rundlich und verweist auf seine Sporen. Diese Sporen sind widerstandsfähig gegen hohe Temperaturen, Chemikalien und UV-Strahlung und für ihre Langlebigkeit bekannt. Das Bakterium ist für einige Insekten, darunter viele Mückenlarven, tödlich. Es bildet, ähnlich wie *B. thuringiensis* → S. 212, ein Toxin, das bestimmte Rezeptoren im Darm der Insekten blockiert, sodass das Tier an den Folgen stirbt. Daher wird *L. sphaericus* in zahlreichen Ländern zur Mückenbekämpfung eingesetzt. Da es Schwermetalle bindet, wird auch sein Einsatz zur Sanierung schwermetallverseuchter Böden geprüft. Kommerziell angewandt wird *L. sphaericus* bereits in der Textilindustrie, um Rückstände von Azofarbstoffen aus den Abwässern zu entfernen. Es eignet sich dafür, weil es von Natur aus Enzyme besitzt, die komplexe organische Stoffe abbauen können.

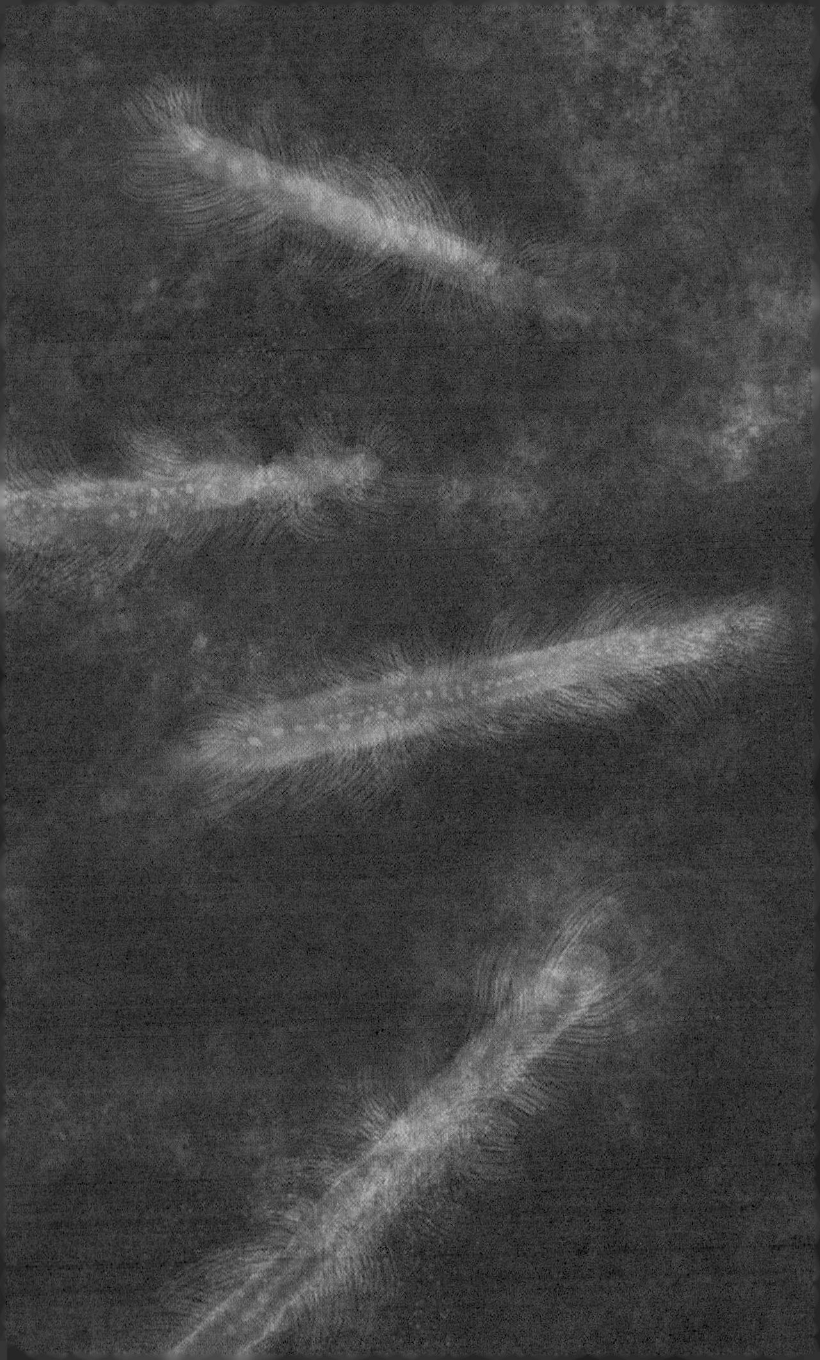

Spannbreite des Lebens

Colwellia psychrerythraea

Rita Colwells rötliches, kälteliebendes Bakterium

FORM stäbchenförmig
FARBE leicht rötlich gefärbt
LÄNGE 2,5 bis 3,5 Mikrometer
DURCHMESSER 0,5 Mikrometer
FORTBEWEGUNG mit einer Geißel

In der Frühzeit des Lebens wechselten heutigen Erkenntnissen zufolge Heißzeiten, in denen die Durchschnittstemperatur 50 Grad Celsius betrug, mit Kaltzeiten ab, in denen die Erde nahezu komplett vereiste. Vulkanausbrüche sowie Einschläge von Meteoriten und Asteroiden heizten die Erde auf, chemische und auch erste biologische Prozesse entfernten Kohlendioxid aus der Atmosphäre und ließen die Erdoberfläche erkalten.

Aus der Perspektive der meisten Lebewesen ist die Erde heute eine nasse und vor allem kalte Heimat. Meerwasser bedeckt mehr als 70 Prozent der Erde, zwei Drittel davon sind kaltes Tiefenwasser mit einer Temperatur von etwa zwei Grad Celsius. Beim Süßwasser, das nur 2,5 Prozent allen Wassers auf der Erde ausmacht, sieht es hinsichtlich der Temperaturen nicht anders aus: 90 Prozent sind in den polaren Eismassen und den Gletschern des Planeten gebunden.

Die tiefste seit dem Beginn regelmäßiger Aufzeichnungen gemessene Temperatur betrug minus 89,2 Grad Celsius – in der Antarktis. Allerdings steigt die Temperatur dort nie über den Gefrierpunkt. Viel bedeutsamer sind Orte, an denen es durchaus warme Perioden gibt, die sich nachts oder im Winter mit

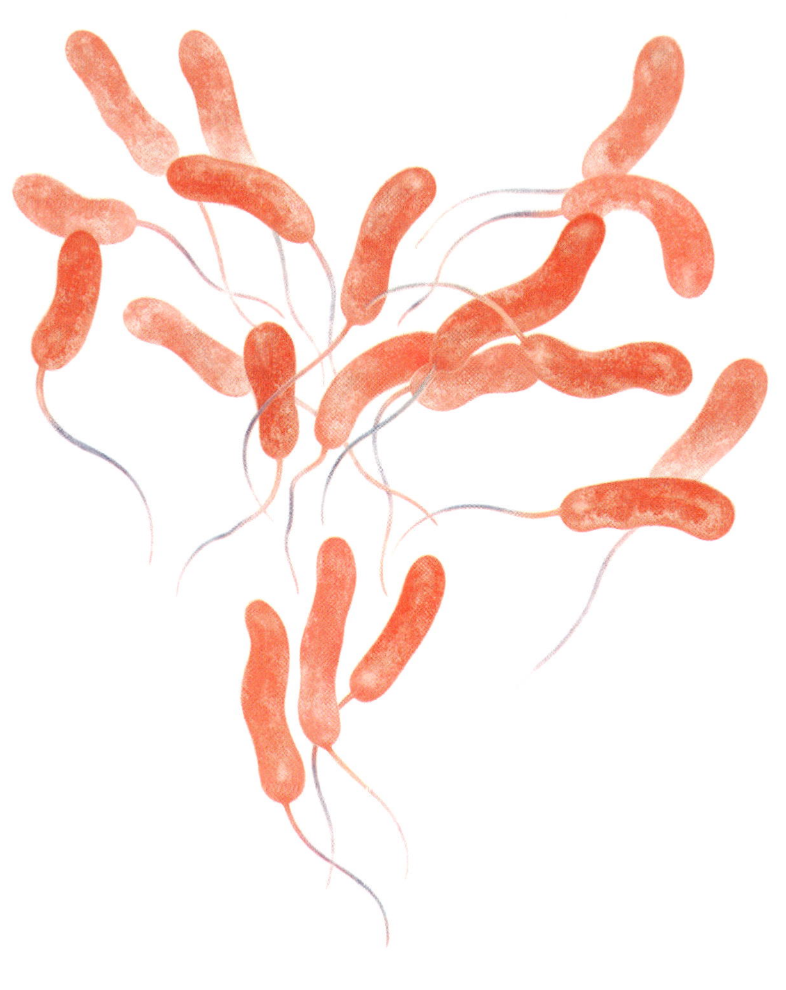

sehr kalten abwechseln, etwa in Asien, wo in manchen Gegenden Maximaltemperaturen von bis zu 49 Grad Celsius erreicht werden, die Minustemperaturen aber auf Werte unter minus 50 Grad Celsius absinken können. Es ist daher nicht verwunderlich, dass zahllose Bakterien an solche Verhältnisse angepasst sind.

Unter den Bakterien, die auch bei tiefen Temperaturen noch aktiv sind, sticht *Colwellia psychrerythraea* hervor, eine Mikrobe, die noch bei Temperaturen von minus 10 Grad Celsius aktiv umherschwimmt und sogar bei Temperaturen von minus 20 Grad Celsius noch wächst und sich teilt. Forscher konnten sogar bei Temperaturen von minus 196 Grad Celsius Stoffwechselaktivität entdecken. Die *Colwellia*-Bakterien schafften es, in flüssigem Stickstoff – der Blumen augenblicklich zu zerbrechlichem Glas gefrieren lässt – Aminosäuren in ihre Zellbestandteile einzubauen.

Möglich machen das Kälteschutzpolymere sowie Enzyme, die außerhalb der Zelle wirken. Das Bakterium umgibt sich mit einem Molekülgeflecht wie mit einem Wollpullover, in dessen Schutz das Wasser keine geordneten Kristallstrukturen bilden kann. Die Zellwand kälteaktiver Bakterien ähnelt der Struktur von Flüssigkristallen und bleibt auch bei großer Kälte oder unter Druck flüssig. Dies erklärt auch die gleichzeitige Widerstandsfähigkeit dieser Bakterien gegen hohen Druck.

Erstmals wurde die Gattung *Colwellia* 1988 beschrieben, und die Autoren, die sie entdeckt hatten, schlugen ihren Namen zu Ehren der amerikanischen Mikrobiologin Rita R. Colwell vor. Die 1934 geborene Forscherin fand in den 1960er-Jahren heraus, dass Cholerabakterien in küstennahen Gewässern natürlich vorkommen und häufig an kleine Ruderfußkrebse gebunden sind, die Algen fressen. Kommt es durch Wärme und Nährstoffüberfluss zu Algenblüten, werden die Krebse angelockt und bringen die Bakterien mit. Colwell gründete daraufhin ein Netzwerk für sichere Wasserversorgung, das mit möglichst einfachen Mitteln wie selbstgemachten Filtern die Ausbreitung von Infektionen über das Trinkwasser verhindern will. Später wurde sie Mitgründerin der Firma CosmosID, die die Schnelldiagnostik von Bakterien in Umweltproben ermöglicht. Ihr zu Ehren ist auch ein Bergmassiv in der Antarktis benannt. Das Epitheton *psychrerythraea* setzt sich zusammen aus *psychros* (griech. kalt) und *erythraeus* (lat. rötlich), denn es ist kälteliebend und enthält ein rötliches Pigment.

C. psychrerythraea kann auch ohne Sauerstoff leben und eine Vielzahl von einfachen und komplex aufgebauten Kohlenstoffverbindungen als Nahrung nutzen. Da es zudem zahlreiche Stickstoffverbindungen abbauen und sogar Schwefel zur Energiegewinnung nutzen kann, eignet sich das Bakterium zum Abbau von Umweltverschmutzungen in kalten Regionen.

Aber es könnte auch neue Impfstoffe ermöglichen. Wissenschaftler tauschten bei Krankheitserregern wichtige Stoffwechselgene gegen solche von *C. psychrerythraea* aus. Das Ergebnis: Das Wachstum der Krankheitserreger kommt bei hohen Temperaturen zum Erliegen und die Zellen sterben ab. Derart geschwächte Erreger könnte man für Impfungen mit Lebenderregern nutzen und damit gefahrlos eine gute Immunität herstellen. Im Tierversuch hat das bereits funktioniert.

Methanopyrus kandleri

Otto Kandlers Methanfeuer

FORM Stäbchen
LÄNGE 2 bis 14 Mikrometer
DURCHMESSER 0,5 Mikrometer
FORTBEWEGUNG dank eines Bündels von Geißeln an den jeweiligen Enden des Stäbchens ist es beweglich
AUFTRETEN einzeln sowie in Ketten von bis zu 10, in seltenen Fällen auch bis zu 70 Zellen

Niemand weiß, ob das Leben unter heißen oder mäßig warmen Bedingungen entstanden ist – sicher ist aber, dass es allein durch vulkanische Tätigkeiten und das Aufsteigen von Magma in die oberen Schichten der Erdkruste durchgängig Orte mit konstant hohen Temperaturen gegeben hat: heiße Quellen, Vulkane, die sogenannten Schwarzen und Weißen Raucher am Meeresboden und das Tiefengestein, in dem sich die zum Erdmittelpunkt hin steigende Temperatur bereits bemerkbar macht.

In solchen Biotopen leben heute zahlreiche Mikroben, die die Hitze nicht nur ertragen, sondern sie zum Teil benötigen, um überleben zu können. Den gegenwärtigen Hitzerekord unter den Mikroben hält *Methanopyrus kandleri*, ein Archaebakterium. Der Organismus wurde 1991 im Anschluss an eine Tauchfahrt des U-Boots *ALVIN* entdeckt, bei der Forscher im Golf von Kalifornien Bodenproben von einem Schwarzen Raucher entnommen hatten. *ALVIN*, ein sieben Meter langes U-Boot mit Greifarmen und Platz für zwei Forscher und einen Piloten, wurde 1964 an die US-Marine geliefert, aber immer wieder an Unternehmen und Forschungsinstitute ausgeliehen. Es

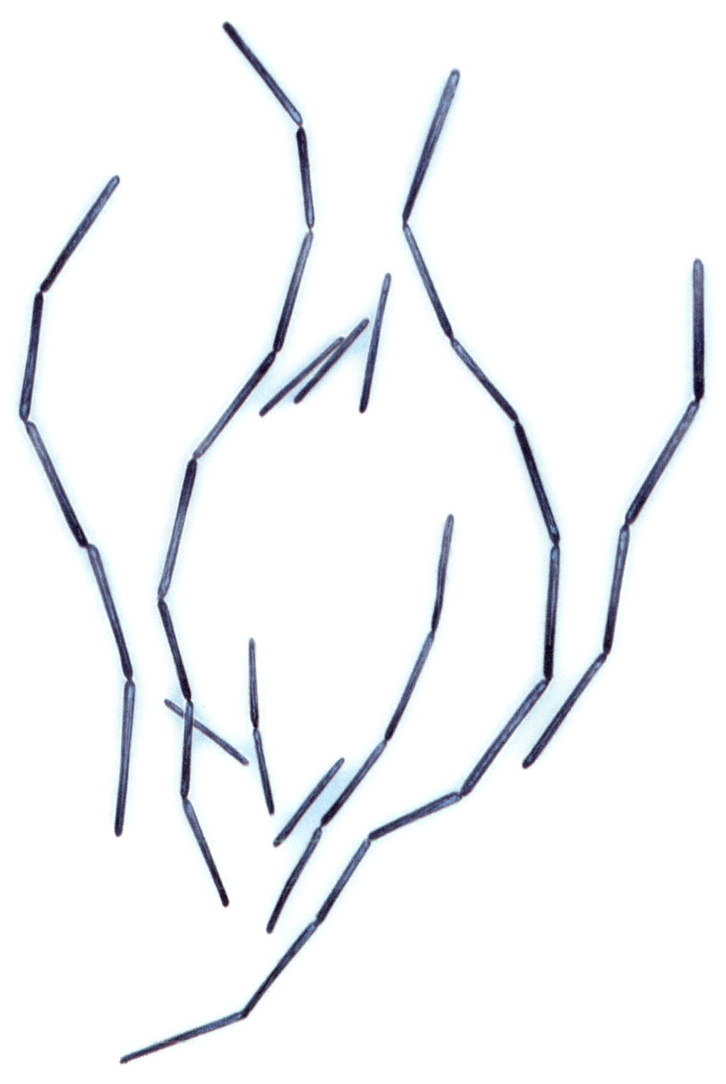

hatte zu diesem Zeitpunkt schon spektakuläre Einsätze hinter sich, etwa die Suche nach einer Atombombe, die 1966 vor der spanischen Küste versehentlich aus einem Militärflugzeug gefallen war. 1977 und 1979 wurden mit ihm die Schwarzen Raucher entdeckt und erkundet. Diese Orte sind für Biologen interessant, weil die dortigen Lebensgemeinschaften vollständig unabhängig vom Sonnenlicht sind.

Raucher bilden sich am Meeresboden über hydrothermalen Quellen, die unter dem Einfluss von aufsteigendem Magma unter dem Meeresboden entstehen. Aus Spalten im Boden schießt dort bis zu 400 Grad Celsius heißes, mineralhaltiges Wasser. Die darin gelösten Mineralsalze fallen beim Vermischen mit dem vier Grad Celsius kalten Umgebungswasser aus und bilden feste Kristalle in unterschiedlicher Größe. Die größeren formen an der Austrittsstelle eine Art Kegel oder Schlot, der bis zu 25 Meter Höhe anwachsen kann. Die feineren Teilchen verwirbeln mit dem Meerwasser zu einer Art Rauchfahne. Ist das austretende Wasser reich an Eisensalzen, erscheint die Rauchfahne dunkel und man spricht von Schwarzen Rauchern; sind viele Sulfate gelöst, ist die Partikelwolke hell und die Gebilde heißen Weiße Raucher.

Methanopyrus hat zu Ehren des deutschen Botanikers und Mikrobiologen Otto Kandler (1920–2017) das Epitheton *kandleri* erhalten. Kandler war neben Carl Woese entscheidend an der Erkenntnis beteiligt, dass diese Organismen neben Bakterien und Eukaryonten eine eigene Domäne bilden. Als Methanfeuer wird das Bakterium bezeichnet, weil es Wasserstoff und Kohlendioxid zu Methan ›verbrennt‹ und daraus seine Energie bezieht.

Erst 2008 erkannten japanische Wissenschaftler bei systematischen Tests mit verschiedenen Drücken und Temperaturen, dass *M. kandleri* bis zu einer Temperatur von 122 Grad Celsius noch wachsen und sich teilen kann, wenn man das Archaebakterium unter dem hohen Druck kultiviert, der in seiner natürlichen Umgebung herrscht. *M. kandleri* toleriert damit genau ein Grad Celsius mehr als der als Stamm 121 bekannte bisherige Rekordhalter, das Tiefsee-Archaebakterium *Geogemma barossii.*

Der Wert von 121 Grad Celsius ist deswegen von Bedeutung, weil das die Temperatur ist, bei der medizinische Instrumente sterilisiert werden. Bis zur Entdeckung dieser hitzetoleranten Organismen war man davon ausgegangen, dass eine fünfzehnminütige Hitzebehandlung bei 121 Grad Celsius im Autoklaven ausreichen würde, um alles Leben abzutöten.

M. kandleri übersteht sogar eine Hitzebehandlung von drei Stunden bei 130 Grad Celsius: Sobald die Temperatur wieder auf Werte unter 110 Grad Celsius sinkt, beginnt sein Wachstum erneut.

Die Hitzetoleranz von *M. kandleri* und anderen Archaebakterien beruht auf verschiedenen Mechanismen. Oft ist der Salzgehalt erhöht, was vor Hitzeschäden schützt. Das Genmaterial ist dank spezieller Proteine besonders dicht aufgewickelt, und es gibt ausgeklügelte Reparatursysteme für hitzebedingte Schäden an Nukleinsäuren und Zellstrukturen. Eiweißmoleküle, die den Stoffwechsel steuern, sind dank chemischer Modifikationen wesentlich stabiler und rigider gebaut, sodass sie durch die Hitze nicht gerinnen. Biologen gehen derzeit aufgrund von Kalkulationen davon aus, dass die obere Grenze für Hitzetoleranz trotz aller Schutzmechanismen bei 150 Grad Celsius liegt – sicher ist das aber nicht.

Paenibacillus xerothermodurans

Der trockene Hitze überstehende Fast-Bacillus

FORM stäbchenförmig
LÄNGE 2,25 bis 2,7 Mikrometer
DURCHMESSER 0,70 bis 1,04 Mikrometer
AUFTRETEN kann unter Luftabschluss leben und kommt einzeln, als Paar oder in der Form kurzer Ketten vor

Als am 9. November 1967 die erste Saturn-V-Rakete im Weltraumbahnhof Cape Canaveral in Florida gezündet wurde und die fünf Haupttriebwerke – bis heute die leistungsfähigsten jemals gebauten Einzeltriebwerke – aufbrüllten, begann auf der kleinen Insel, die den Startkomplex 63 beherbergte, ein Inferno. Die Druckwelle ging durch Mark und Bein, ließ im fünf Kilometer entfernten Pressezentrum die Deckenverkleidung herabstürzen und drückte noch in mehr als zehn Kilometern Entfernung Glasscheiben aus ihren Fenstern. Selbst im 1500 Kilometer entfernten New York konnten Erdbebenmessstationen die seismischen Erschütterungen aufzeichnen, die die unter gewaltigem Druck herausschießenden Gase verursachten. Mehr als 300 Meter lange Flammen mit einer Temperatur von 2220 Grad Celsius – heiß genug, um selbst Titan zum Schmelzen zu bringen – schossen aus den Triebwerksdüsen. Pro Sekunde verbrannten 13 Tonnen Kerosin. Auch wenn ausgeklügelte Kühlsysteme, die binnen Sekunden Zehntausende Liter Wasser freisetzten, dafür sorgten, dass der Stahl des Startturms nicht zu schmelzen begann, wurde der Boden rund um die Startram-

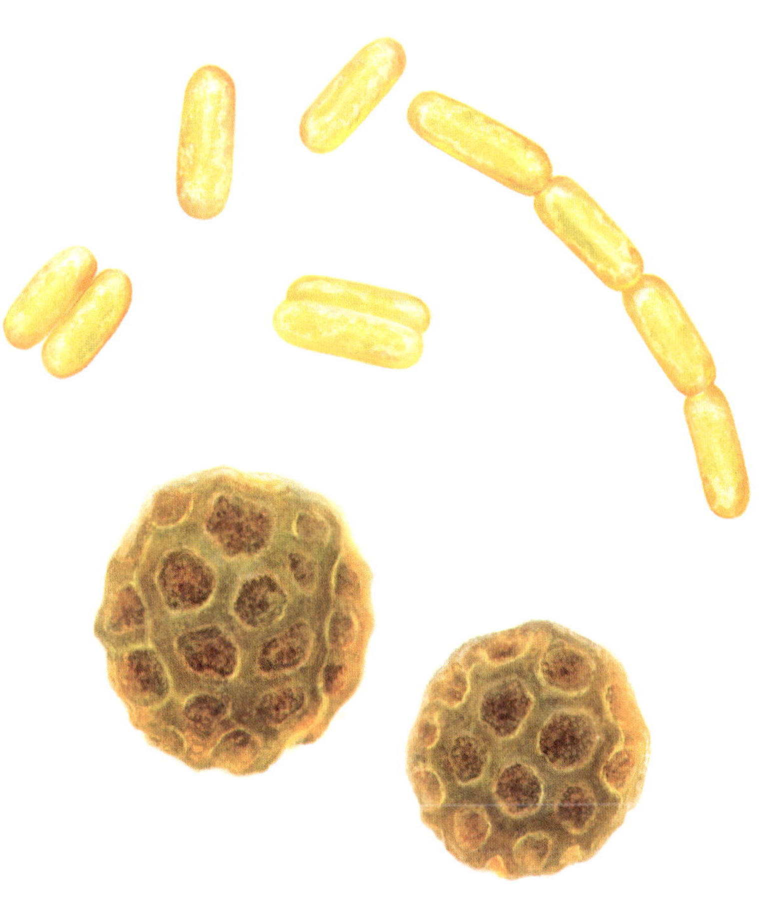

PAENIBACILLUS XEROTHERMODURANS
[und Sporen]

pen doch so hoch erhitzt, dass die Vegetation verkohlte und noch in einem Kilometer Entfernung Buschfeuer entstanden.

Im Jahr 1973, mehr als ein Dutzend solcher Starts später – die Apollo-Mondlandemissionen waren bereits Geschichte –, untersuchten Mikrobiologen den hitzegestressten Boden auf Bakterien. Trockene Hitze war damals der Goldstandard zur Desinfektion von Bauteilen für die Raumfahrt, und die Forscher wollten angesichts der bevorstehenden Viking-Mars-Missionen, bei denen Raumsonden auf dem Mars landen sollten, wissen, ob es Bakterien gibt, die solchen Methoden widerstehen können. Eine Suche in dem periodisch durchglühten Boden von Cape Canaveral schien vielversprechender als die Suche in Wüsten, die praktisch durchgehend heiß und trocken sind.

Tatsächlich fanden sie in den Bodenproben ein extrem hitzebeständiges sporenbildendes Bakterium. Es gehört zu den Paenibacilli und wurde *Paenibacillus xerothermodurans* getauft, das heißt:[1] trockene Hitze überstehendes Fast-Bacillus. Ursprünglich hielt man die Paenibacilli für echte Bacilli, bis sich herausstellte, dass sie zu einer eigenen, wenn auch eng verwandten Gattung gehören. Deshalb erhielt die Gattung die Vorsilbe Paeni-, abgeleitet vom lateinischen Wort *paene* (fast, beinahe, so gut wie).

Die Sporen des Bakteriums widerstehen trockener Hitze von 125 Grad Celsius für mehr als zehn Tage, feuchter Hitze von 80 Grad Celsius für mehr als eine Stunde. Diese Widerstandsfähigkeit verdanken sie einer neunlagigen Sporenhülle, die ein erhabenes, wabenförmiges Muster an der Oberfläche aufweist. Sehr viel mehr ist über das *P. xerothermodurans* bislang nicht bekannt, denn erst 2018 wurde sein Genom sequenziert.

Paenibacilli sind eine vielseitige Gattung: Sie wurden nahezu überall auf der Welt entdeckt, in den Tropen ebenso wie in Wüsten und den Polarregionen. Sie bevölkern Böden und Wasser und finden sich auch in der Rhizosphäre, dem Raum unmittelbar neben Pflanzenwurzeln, wo sie Stickstoff fixieren, Nährstoffe und Spurenelemente verfügbar machen und Stoffe synthetisieren, die Pflanzen vor Insekten, Fadenwürmern und den Erregern von Pflanzenkrankheiten schützen. Andere sind als Erreger der Faulbrut von Honigbienen bekannt.

Die Stoffe, die sie produzieren, sind daher für die Medizin, den Pflanzenschutz in der Landwirtschaft, die biologische Sanierung von belasteten Böden, die Herstellung von Feinchemikalien usw. interessant.

Picrophilus torridus

Der Säureliebhaber aus dem Trockenen

FORM rundlich
DURCHMESSER 1 bis 1,5 Mikrometer

Vulkane, die über einen langen Zeitraum der Erdgeschichte prägend für Klima und Geologie waren, speien nicht nur Lava und Magma, sondern auch viele Gase aus: Wasserdampf, Kohlendioxid, Schwefeldioxid, Wasserstoff und den nach faulen Eiern riechenden Schwefelwasserstoff. Aus den Schwefelgasen entstehen in Verbindung mit Wasser Säuren. Halogene wie Chlor, Brom und Fluor, die gemeinsam mit Wasserstoff austreten, bilden ebenfalls Säuren. Und auch an den sogenannten Hotspots und Plumes der Erde, wo Material aus dem tiefen Erdinneren nahe an die Erdoberfläche kommt und sich heiße Quellen bilden, ist das Wasser oft sehr sauer.

Starke Säuren sind für die meisten Organismen extrem schädlich und ohne Weiteres in der Lage, Löcher in Textilien zu fressen oder Rost von Stahl und Eisen wegzuätzen. Es gibt aber Bakterien und Archaebakterien, die auf das Leben in Säuren spezialisiert sind. Solche Lebensräume kommen an einigen Orten der Erde vor.

Nahe einer Thermalquelle auf der japanischen Insel Hokkaidō ist der Boden 60 Grad Celsius heiß und hat dank der chemischen Verbindungen, die das Magma unter der Oberfläche ausgast, einen pH-Wert von weniger als 0,5 – das ist ätzender als die Säure in Autobatterien. An den Ort kann man nur in Schutz-

kleidung gelangen. In Proben aus diesem Boden wurde 1996 das Archaebakterium *Picrophilus torridus* gefunden.

P. torridus, der Säureliebhaber aus dem Trockenen (*torridus*), zählt damit zu den Rekordhaltern unter den acidophilen, also den säureliebenden Mikroorganismen. Er wächst bei pH-Werten von bis zu 0 – das ist der Säuregrad einer Schwefelsäure, die selbst Metalle angreift –, überlebt aber auch negative pH-Werte – das entspricht einer Salzsäure, die raucht, sobald man die Flasche öffnet. Sinkt der Säuregrad der Umgebung, stellt *P. torridus* sein Wachstum ein. Im neutralen pH-Bereich von 7 lösen die Zellen sich auf.

Möglich wird diese enorme Säurefestigkeit durch eine äußerst resistente Zellmembran, die zudem sehr wenig positiv geladene Wasserstoffionen, Protonen genannt, durchlässt und damit das Zellinnere vor einer Übersäuerung schützt. Dennoch eingedrungene Protonen werden durch effiziente Protonenpumpen wieder zurückbefördert. Allerdings ist das Zellinnere nicht, wie bei fast allen anderen säureliebenden Bakterien, neutral, sondern hat einen pH-Wert von 4,6 – ist also selbst so sauer, dass Zellbestandteile und Stoffwechsel daran angepasst sein müssen. Wie das im Einzelnen geschieht, ist unklar; bekannt ist jedoch, dass *P. torridus* zahlreiche Reparaturproteine besitzt, die entstandene Schäden schnell beheben können.

Seine Nahrung besteht aus den Resten von Organismen, die den Kontakt mit dem heißen, sauren Milieu nicht überlebt haben. *P. torridus* scheidet säurebeständige Enzyme aus, die außerhalb der Zelle kohlenstoffhaltige Nahrung vorverdauen. Zahlreiche spezialisierte Transportproteine befördern die einzelnen Grundstoffe dann ins Zellinnere.

P. torridus ist auf Sauerstoff angewiesen – in der Biologie nennt man das obligat aerob – und hat mit 1,5 Millionen Basenpaaren eines der kleinsten Genome, das je bei einem freilebenden, nicht parasitischen Organismus entdeckt wurde – nur *Pelagibacter ubique* → S. 62 hat ein kleineres Genom. Erstaunlich ist auch, dass 91,7 Prozent seines Genoms für Proteine codieren und nur ein kleiner Rest für regulierende Funktionen zuständig ist. Im Durchschnitt aller bisher untersuchten Bakterien und Archaea liegt dieser Prozentsatz für den proteincodierenden Anteil bei 80 Prozent.

Genetische Analysen zeigen auch, dass *P. torridus* im Lauf der Evolution zahlreiche Gene von Bakterien und Archaebakterien aus seiner Nachbarschaft aufgenommen hat. Seine genetische Ausstattung ist damit optimiert für ein Überleben in diesen extrem sauren, heißen und trockenen sulfatreichen Böden.

Alkaliphilus transvaalensis

Der Laugenfreund aus Transvaal

FORM manchmal leicht gekrümmtes Stäbchen
LÄNGE 3 bis 6 Mikrometer
BREITE 0,4 bis 0,7 Mikrometer
FORTBEWEGUNG dank zahlreicher Geißeln
AUFTRETEN einzeln oder als Paar; es kann aber auch Ketten von 4 bis 6 Zellen bilden

Im Gegensatz zu stark sauren Biotopen sind stark alkalische Lebensräume auf der Erde viel seltener anzutreffen. Aber auch sie gehen oft auf vulkanische Aktivitäten zurück. Dort, wo nach dem Erkalten von Vulkanen oder massiven Lavaflüssen vulkanischer Untergrund an der Oberfläche bleibt, können Sodaseen mit einem sehr hohen Gehalt an Natriumcarbonaten entstehen, die meist auch stark salzhaltig sind.

Alkalische Biotope gibt es aber auch im Tiefengestein, wenn dort etwa silikathaltige Gesteine mit Wasser und Kohlendioxid chemisch reagieren. Auch menschengemachte alkalische Biotope kommen vor, zum Beispiel dort, wo jahrzehnte- oder jahrhundertelang Leder, Farbstoffe, Zement, Eisen oder Aluminium hergestellt wurden.

Auch in diesen Milieus existieren spezialisierte Mikroorganismen. *Alkaliphilus transvaalensis*, der Laugenfreund aus Transvaal, wurde 2001 bei der systematischen Suche nach Bakterien in Tiefengestein im Grubenwasser einer südafrikanischen Goldmine in 3,2 Kilometer Tiefe entdeckt. Das Wasser stammte aus einem Betonbecken, das Grubenarbeiter gebaut hatten, um Sickerwasser aufzufangen, das aus einem oberhalb

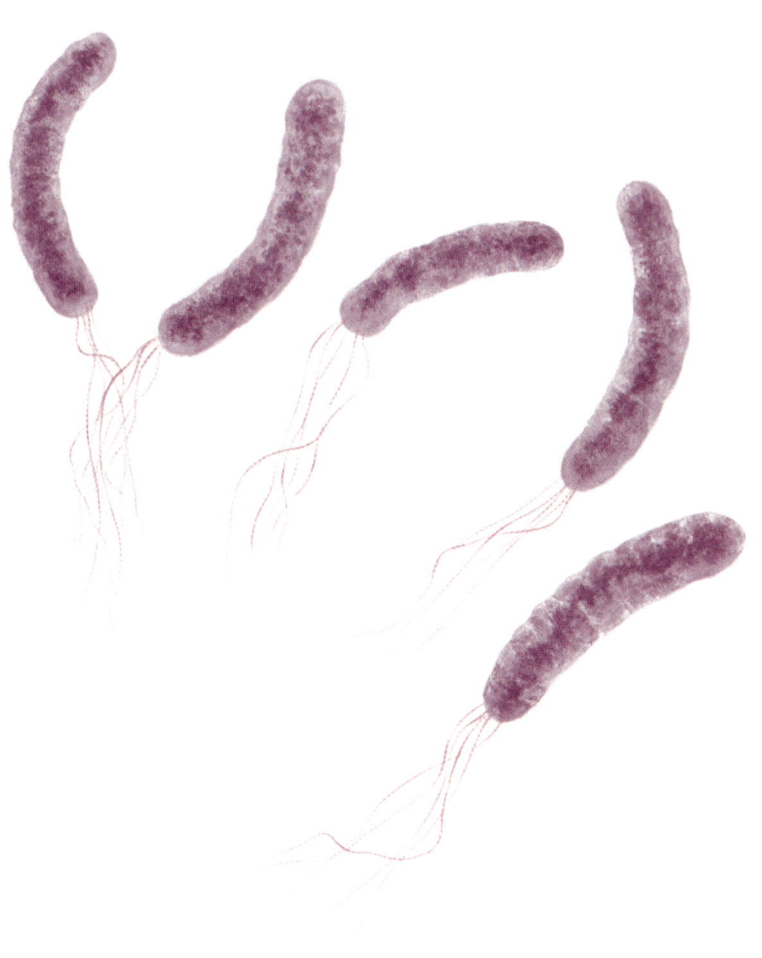

liegenden Bohrloch stammte. Das Bakterium verträgt keinen Sauerstoff und wächst am besten bei einem pH-Wert von 10 (Waschlauge), kann sich aber auch bei pH-Werten von mehr als 12,5 (Bleichmittel) noch teilen.

Damit zählt *A. transvaalensis* zu den Rekordhaltern unter den alkaliphilen Bakterien. Die Laugenfreunde unter den Bakterien wachsen am besten bei pH-Werten über 9 (Seifenlauge). Manche tolerieren Laugen bloß, andere sind auf sie angewiesen und können in neutralen oder leicht sauren Umgebungen nicht mehr wachsen. Sie finden sich vor allem in carbonathaltigen Böden, in Sodaseen oder in den stark natronhaltigen Böden mancher Wüsten. Diese Bakterien sind meist auch extrem tolerant gegenüber den dort vorkommenden hohen Salzkonzentrationen.

Alle stehen sie vor dem Problem, dass sie ihr Inneres vor der aggressiven Lauge schützen müssen. Laugen können nämlich Zellbestandteile und Nukleinsäuren sehr schnell zersetzen. Ein alkalisches Milieu beeinträchtigt auch die Energiegewinnung. Denn die beruht bei fast allen Zellen darauf, dass positiv geladene Wasserstoffionen nach außen abgegeben werden. Dadurch wird ein energiereiches chemisches Gefälle aufgebaut: Die Protonen strömen zurück und treiben ein Enzym an, das dem Zellstoffwechsel bestimmte energiereiche Moleküle zur Verfügung stellt, die praktisch den grundlegenden Treibstoff der Zellen darstellen.

In einer alkalischen Umwelt funktioniert das jedoch nicht. Die nach außen transportierten Wasserstoffionen reagieren sofort mit den Hydroxylionen, die in der umgebenden Lauge in großen Mengen vorhanden sind. Damit ist keine Energiegewinnung durch den Rückstrom von Protonen mehr möglich.

Wie genau alkaliphile Bakterien das nun machen, ist noch nicht in allen Einzelheiten verstanden. Manche manipulieren ihre unmittelbare Umgebung, indem sie Stoffe wie Essigsäure ausscheiden, viele reichern ihre Zellwand mit Teichonsäuren an, langkettigen Molekülen, die mit einer negativen Ladung einen Schutz gegen die Ionen des alkalischen Mediums bilden. Andere tauschen mithilfe spezieller Transportmoleküle Wasserstoff- gegen Natriumionen, was wiederum erklärt, warum sich alkaliphile Bakterien oft in salzhaltigen Umgebungen finden. Viele verlagern zudem ihre Verdauung nach außen, indem sie Enzyme an die Umgebung abgeben.

Solche Außenverdauung kommt auch bei Tieren vor. Spinnen zum Beispiel injizieren Verdauungssäfte in das Innere ihrer Beute, sodass diese sich von innen verflüssigt und der entstandene Brei leichter aufgenommen werden kann. Manche Insektenlarven, etwa die Maden der Rinderdasselfliege, erbrechen Verdauungssäfte über ihre Beute, da sie sie sonst nicht zerkleinern könnten. Das Gleiche gilt für Seesterne. Auch fleischfressende Pflanzen verdauen die Insekten, von denen sie sich ernähren, außerhalb ihrer Zellen.

All die ungewöhnlichen Eigenschaften der alkaliphilen Bakterien machen sie nicht nur für die Forschung, sondern auch für Technik und Medizin interessant. Ihre in starken Laugen wirksamen Enzyme sind für Waschmittel und ganz allgemein für die Chemie- und Pharmaindustrie geeignet. Die Teichonsäuren, die beim Menschen fieberhafte Reaktionen hervorrufen, weil sie bestimmte Rezeptoren stimulieren, sind zur Herstellung von modernen Impfstoffen interessant, weil sie die Reaktion des Immunsystems auf den Impfstoff günstig beeinflussen.

Shewanella benthica DB21MT-2

James Shewans Meeresbodenbakterie

DURCHMESSER von 0,8 bis 1 Mikrometer
LÄNGE etwa 2 Mikrometer
FORTBEWEGUNG mittels einer polar angeordneten Geißel

Bakterien zeigen uns immer wieder, dass die Bedingungen, die wir als vertraut und angenehm empfinden, keineswegs das Maß der Dinge für alle Lebewesen sind. Auch der Druck, der in unserer Umgebung herrscht, gehört dazu. Wir definieren die Druckverhältnisse, die an der Erdoberfläche herrschen, als Normaldruck und beziffern ihn als ein Bar.

Dieser Normaldruck sinkt mit steigender Höhe, und irgendwann ist er so gering, dass die Zellen gewöhnlicher Organismen zerplatzen. Umgekehrt steigt der Druck mit zunehmender Tiefe. Auf dem Grund des Marianengrabens, 10,9 Kilometer unter der Meeresoberfläche, ist der Druck tausendmal höher als an der Erdoberfläche. Dort lebt *Shewanella benthica DB21MT-2*. Es ist das druckwiderstandsfähigste Bakterium, das bislang gefunden wurde.

So gibt es zwar eine Reihe von (Archae-)Bakterien, die in der Tiefsee in einer Wassertiefe von mehreren Tausend Metern leben, aber *S. benthica* überlebt diesen Druck nicht nur, sie ist auf ihn angewiesen. Benannt ist das Bakterium zu Ehren des 1988 verstorbenen schottischen Fischerei-Mikrobiologen James Mackay Shewan, das Epitheton *benthica* bedeutet: den Meeresboden betreffend. Die Zusatzbezeichnung *DB21MT-2* soll die

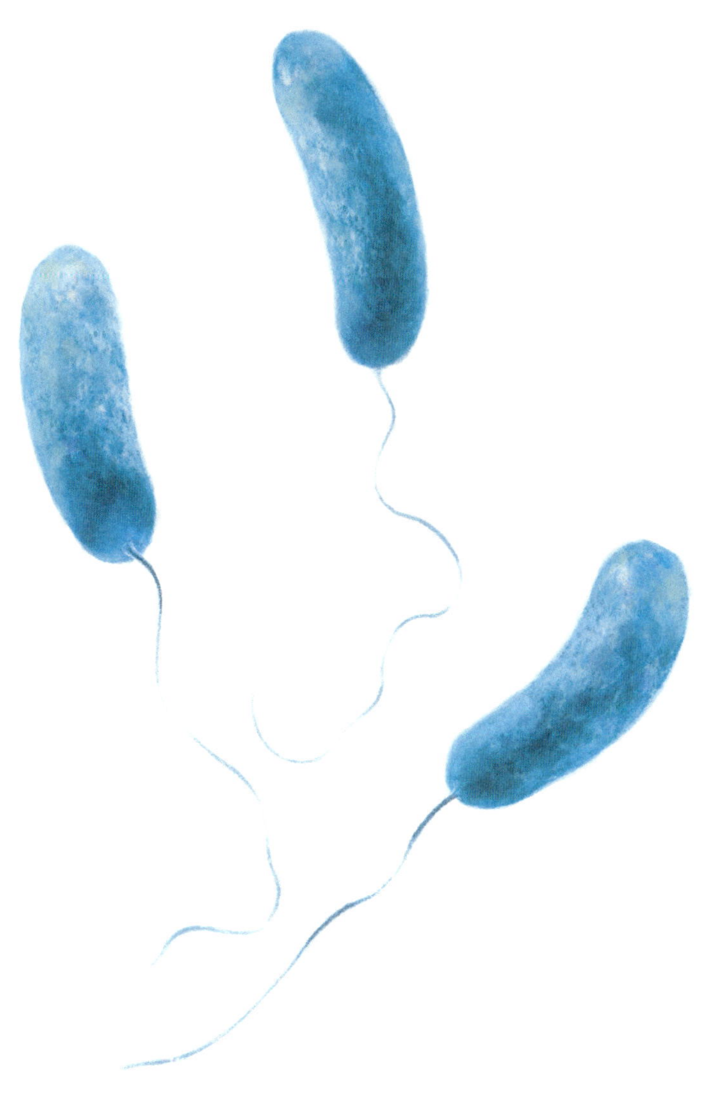

Herkunft kennzeichnen, da das Bakterium bislang nur aufgrund der Zusammensetzung der RNA seiner Ribosomen als *S. shewanella* identifiziert wurde. Die Bezeichnung setzt sich zusammen aus dem Tauchgang (Nr. 21) und dem Fundort (Mariana Trench, Fundort 2). Entnommen wurde die Probe mit *Kaiko* (jap. Graben), einem unbemannten U-Boot der Ozeanischen Forschungs- und Entwicklungsorganisation Japans. Mit ihm konnten Wissenschaftler zwischen 1995 und 2003 in mehr als 250 Tauchgängen 350 neue Arten, darunter 180 Bakterien, entdecken, bis das Gerät während eines Taifuns auf hoher See nach dem Reißen eines Haltekabels verloren ging.

Um dem hohen Druck widerstehen zu können, müssen die Zellmembranen der Bakterien, die normalerweise sehr wasserhaltig sind und fast die Eigenschaften einer Flüssigkeit aufweisen, wachsartig werden. Dementsprechend enthält die Zellmembran dieses *Shewanella*-Stamms große Mengen Omega-3-Fettsäure.

Ähnliche Änderungen sind auch für Prozesse in der Zelle erforderlich. Hoher Druck behindert chemische Reaktionen, bei denen sich das Volumen erhöht, und favorisiert die Produktion von relativ starren, kompakten Molekülen. Damit erschwert er die Herstellung beziehungsweise die Existenz von Proteinen, die aus mehreren Untereinheiten aufgebaut sind. Dennoch gibt es solche Proteine auch bei Tiefseebakterien, etwa die Ribosomen, die bei allen Lebewesen unverzichtbar sind, um mithilfe der genetischen Information Eiweißmoleküle herzustellen. Sie bestehen immer aus verschiedenen Untereinheiten, die sich zusammenlagern müssen. Die Ribosomen von Darmbakterien zerfallen im Labor bei einem Druck von mehr als 600 bar in ihre Untereinheiten. Wie sie bei den Tiefseebakterien trotz des hohen Drucks funktionieren können, ist völlig ungeklärt und wird sich auch so schnell nicht aufklären lassen, da die Untersuchungen unter extrem hohem Druck ausgeführt werden müssten.

Weitere Herausforderungen für das Leben in der Tiefsee sind Kälte und Nährstoffarmut. Die Temperaturen betragen in der Regel zwischen minus ein und vier Grad Celsius, und nur etwa ein Prozent des durch biologische Prozesse erzeugten Kohlenstoffs erreicht den Tiefseeboden.

Druck und Temperatur stehen in einem noch zu erklärenden Verhältnis miteinander. Im Labor zeigt sich: Wenn druckliebende Bakterien bei höheren Temperaturen kultiviert werden, benötigen sie auch einen höheren Druck, um sich teilen zu können. Umgekehrt vermehren sie sich bei niedrigen Temperaturen schneller, wenn der Druck geringer ist als jener der Tiefe, in der sie gefunden wurden.

S. benthica ist aus verschiedenen Gründen interessant: erstens wegen seines Spektrums von Omega-3-Fettsäuren, die als Nahrungsergänzungsmittel taugen könnten, zweitens wegen seiner drucktoleranten Enzyme. Sie könnten für industrielle Anwendungen interessant sein, um biotechnologische Prozesse unter hohem Druck und damit beschleunigt stattfinden zu lassen. Forscher studieren sie aber auch, um zu verstehen, ob und wie ›normale‹ Bakterien hohen Druck überleben können, denn in der Lebensmittelindustrie werden schon jetzt Marmeladen, Gelees, Pürees und Säfte durch hohen Druck sterilisiert. So müssen keinerlei Chemikalien eingesetzt werden, und Farbe, Geschmack, Aussehen und Konsistenz bleiben ebenso unverändert wie der Gehalt an Nährstoffen und Vitaminen.

Janibacter hoylei

Fred Hoyles janusköpfiges Bakterium

FORM rundlich
DURCHMESSER 0,4 bis 0,7 Mikrometer
FORTBEWEGUNG unbeweglich

Im Jahr 2009 machten indische Wissenschaftler Schlagzeilen, weil sie in der Stratosphäre, in 41,1 Kilometer Höhe, ein neues und bislang unbekanntes Bakterium gefunden hatten. Es gehört zur Gattung *Janibacter*, das sind Bakterien, die nach Janus benannt sind, dem doppelköpfigen römischen Gott des Anfangs und des Endes. Auch sie tragen zwei Gesichter, denn sie können Stäbchen- und Kugelform annehmen. Die Forscher tauften das neue Bakterium nach dem berühmten Astronomen Fred Hoyle (1915–2001) auf den Namen *Janibacter hoylei.*

Hoyle war ein Vertreter der Panspermie-Hypothese, wonach das Leben durch Kometen und Meteoriten von Planet zu Planet oder von Sonnensystem zu Sonnensystem verbreitet wird. *J. hoylei* war nicht nur unbekannt, sondern auch besonders widerstandsfähig gegen die in 40 Kilometer Höhe besonders intensive UV-Strahlung. Könnte es in der Stratosphäre zu Hause und womöglich von außerhalb der Erde dorthin gelangt sein?

Die Stratosphäre gilt als extrem lebensfeindlicher Ort. Ihr unterer Bereich in 10 bis 15 Kilometer Höhe über dem Meeresspiegel ist der Raum, in dem Verkehrsflugzeuge unterwegs sind, bei Temperaturen von minus 30 Grad Celsius. Den Höhenrekord für Tiere hält ein Sperbergeier, der 11,2 Kilometer Höhe erreichte. Noch höher wird es zwar wieder etwas wärmer, aber

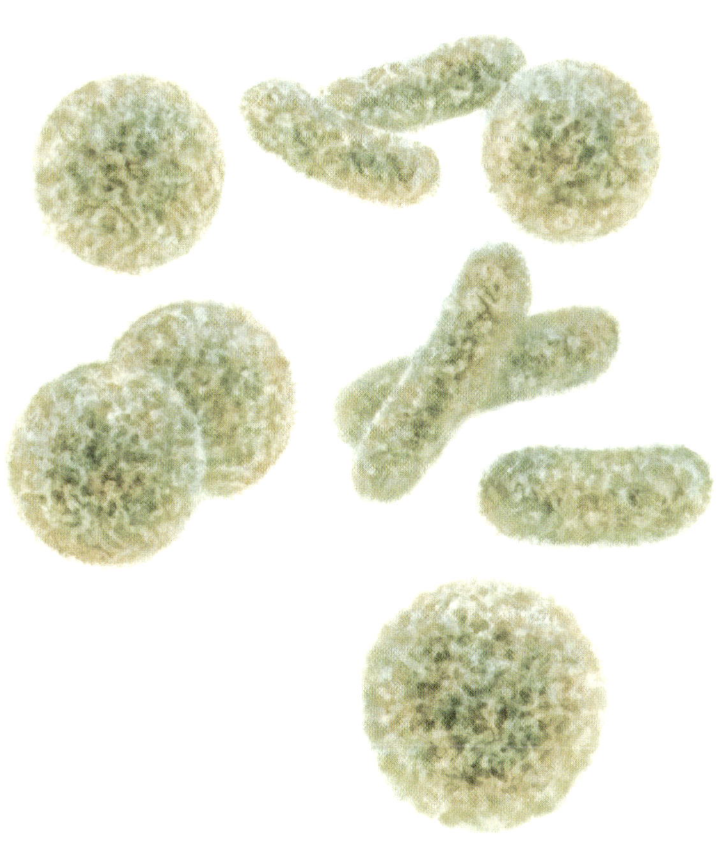

die Atmosphäre wird so dünn, dass Vögel nicht mehr atmen könnten. In etwa vierzig Kilometer Höhe ist der Luftdruck so gering, dass Wetterballons kaum noch Auftrieb erfahren, und so konnten die Forscher für ihre Probensammlung keine größere Höhe erreichen als 41,1 Kilometer – 300 Meter höher kam im Oktober 2014 der Ballon von Alan Eustace, der sich dort ausklinkte und seither den Weltrekord für einen Fallschirmsprung aus großer Höhe hält. Das größte Problem für Mikroorganismen in dieser Höhe ist jedoch die hochintensive ultraviolette Strahlung, die Mikroorganismen normalerweise rasch abtötet. Dennoch war *J. hoylei* lebendig und teilungsfähig.

Mittlerweile hat sich allerdings herausgestellt, dass das Bakterium auch auf der Erde zu finden ist. Mehr noch – 2017 erkrankte ein acht Wochen alter Säugling in Südkorea an einer Blutstrominfektion, die durch das Bakterium verursacht wurde. *J. hoylei* ist also auf der Erde zu Hause. Wie aber kam es dann in die Stratosphäre?

Bakterien gelangen häufig in obere Luftschichten: Orkane, Wirbelstürme, Vulkanausbrüche, Waldbrände usw. befördern sie auf Staub- und Sandkörnern dorthin. In etwa zehn Kilometer Höhe finden sich so viele Partikel mit Bakterien und anderen Mikroorganismen, dass Forscher es für möglich halten, dass diese Lebewesen sogar Wetter und Klima beeinflussen. Sogenannte ›blaue Blitze‹, die bei Gewittern oberhalb von Gewitterwolken entstehen und nach oben schießen, und andere Phänomene des ›globalen Stromkreises‹ könnten diese Partikel jedoch offenbar noch weiter nach oben befördern. Schon 1978 berichteten russische Forscher, die Raketen zum Sammeln von Atmosphärenproben verwendeten, Bakterien in 77 Kilometer Höhe gefunden zu haben. Vierzig Jahre später wurde genetisches Material von Boden- und Meeresbakterien in kosmischem Staub gefunden, der sich auf der Oberfläche von Außeninstrumenten der Internationalen Raumstation ISS angesammelt hatte. Sie umkreist die Erde in etwa 400 Kilometer Höhe. Experimentell belegt ist, dass Bakterien Bedingungen in dieser Höhe länger als ein Jahr überleben. Umstritten jedoch ist ein Befund der Apollo-12-Mission vom November 1969. Die Astronauten Charles Conrad und Alan Bean landeten mit ihrer Mondfähre nur 180 Meter entfernt von dem Ort, an dem zweieinhalb Jahre zuvor die unbemannte Sonde Surveyor 3 gelandet war. Conrad und Bean demontierten die Sonde und brachten Teile zur Erde zurück, um den Langzeiteinfluss der Bedingungen auf dem Mond auf das Material untersuchen zu können. Dabei wurde auch nach Bakterien gesucht, weil klar war, dass Surveyor nicht vollständig steril produziert worden war. Im Inneren der Surveyor-Kamera fanden sich keimfähige *Streptococcus-mitis*-Bakterien, die normalerweise die menschliche Mundhöhle bewohnen. Es konnte jedoch nicht eindeutig geklärt werden, ob sie vor oder nach dem Aufenthalt auf dem Mond in die Kamera gelangt waren: Der Reinraum, in dem die Untersuchungen stattgefunden hatten, entsprach nicht heutigen Bedingungen, und die Wissenschaftler, die die Untersuchungen ausführten, hatten nicht mit Vollschutz, sondern in kurzärmeligen Hemden gearbeitet.

Halobacterium salinarum

Das Salzbakterium

FORM unregelmäßig geformte Stäbchen
LÄNGE 1,0 bis 1,6 Mikrometer
DICKE 0,5 bis 1,2 Mikrometer

Jedes Kind weiß, dass Meerwasser salzig ist, aber wie kam das Salz ins Meer? Das, was wir als Meersalz, Tafelsalz oder Speisesalz bezeichnen, ist chemisch gesehen Natriumchlorid, eine Verbindung aus zwei sehr häufigen und sehr reaktionsfreudigen Elementen. In elementarer Form (Natrium ist bei Raumtemperatur ein weißliches, weiches Metall und Chlor ein grünes, stechend riechendes Gas) kommen Natrium und Chlor daher in der Natur nicht vor. Man findet sie nur in Mineralien, aus denen sie durch Wasser als elektrisch geladene Ionen herausgewaschen werden. Über Jahrmillionen spülten Flüsse sie ins Meer, sodass der Gehalt an Natriumchlorid im Meerwasser mittlerweile etwa 3,5 Prozent beträgt – das entspricht etwa drei Esslöffeln Salz pro Liter Meerwasser. Ein geringer Anteil des Meersalzes stammt aber auch aus dem Meerboden und aus vulkanischen Schloten am Meeresgrund.

Salzseen entstehen auf die gleiche Art und Weise: Flüsse tragen Salzfracht in die Seen und wenn diese Gewässer keinen Abfluss haben oder mehr Wasser aus ihnen verdunstet als zufließt, wird der Salzgehalt immer höher. Die Salzlagerstätten, aus denen wir Speisesalz beziehen – das Himalaya-Salz (das in Wahrheit aus Pakistan oder Polen stammt) ebenso wie Salz aus dem österreichischen Salzkammergut oder das südafrikani-

sche Kalahari-Salz –, sind Rückstände eingetrockneter Salzseen, Meere oder Meeresarme.

Salzige Biotope gibt es viele auf der Erde, und so ist es kein Wunder, dass es viele Bakterien gibt, die an hohe Salzkonzentrationen angepasst sind. Das bekannteste, *Halobacterium salinarum*, wurde bereits vor über hundert Jahren von dem Botaniker Heinrich Klebahn entdeckt. Im Januar 1917 – Klebahn arbeitete am Kaiser-Wilhelm-Institut für Landwirtschaft, das sich auch mit dem Verderb von Lebensmitteln befasste – untersuchte er verdorbenen gesalzenen Stockfisch von den Fischmärkten in Cuxhaven und Hamburg. Die Fische zeigten einen rötlichen Belag. Klebahn kratzte ein wenig davon ab und übertrug das Material auf einen Nährboden. Einige Wochen später beobachtete er die Bildung roter Kolonien, die auch bei Sättigung des Nährmediums mit Kochsalz wuchsen. Er taufte den Organismus *Bacillus halobius ruber* (der auf Salz lebende rote Bazillus). Kanadische Forscher entdeckten wenige Jahre später ebenfalls rote Bakterien auf Stockfisch, die sie *Pseudomonas salinaria* nannten. Später stellte sich heraus, dass es sich um denselben Organismus handelte. Ordnung in das Durcheinander kam erst, als die Mikrobiologen 1930 auf ihrem ersten Weltkongress beschlossen, ein Internationales Komitee für bakteriologische Nomenklatur zu schaffen, das einen Nomenklaturkodex festlegte, der auf einem weiteren Kongress verabschiedet wurde. Danach wurde der heute gebräuchliche Name *Halobacterium* festgelegt – damals noch mit dem grammatikalisch inkorrekten Epitheton *salinarium*, ein Fehler, der erst 1996 korrigiert wurde (der Genitiv von *salinae* lautet korrekt *salinarum*). Anders als der Name sagt, gehört *H. salinarum* jedoch nicht zu den Bakterien, sondern zu den Archaebakterien.

Es wächst in Salzlaken, Salinen und Salzsiedereien und enthält rötliche Farbstoffe, sodass es bei Massenvorkommen des Bakteriums zur Rotfärbung ganzer Seen kommt. Da das Bakterium zur Nahrung von Salinenkrebsen gehört, die wiederum von Flamingos gefressen werden, gelangt der Farbstoff ins Gefieder der Vögel und sorgt dort für die typische zartrosa Farbe der Flamingos. Er ist allerdings auch für die Bildung von Vitamin A und damit für die Reifung männlicher und weiblicher Keimzellen sowie das Wachstum von Flamingoküken und Jungvögeln notwendig. In Zoos, wo keine Salinenkrebse zur Verfügung stehen, mengt man dem Flamingofutter daher den Farbstoff künstlich bei.

H. salinarum kann nur in Gegenwart von Salz überleben, und zwar benötigt es gesättigte Kochsalzlösungen mit einem Salzgehalt von 20 bis 30 Prozent. Sinkt die Salzkonzentration zu stark ab, verliert die Zellwand ihren Zusammenhalt und die Zelle löst sich auf.

Konzentrierte Salzlösungen sind auch aus anderen Gründen extreme Lebensräume. Sie liegen meist in Gebieten mit starker Sonneneinstrahlung, und oft wird der Sauerstoff knapp – trotzdem können unter günstigen Bedingungen in einem Tropfen Salzlösung ein paar Millionen Salzbakterien leben. Gegen das Licht schützt sich *H. salinarum* durch die roten Farbstoffe und einen sehr effizienten Reparaturmechanismus, der die durch UV-Strahlung ausgelösten Schäden im Genom rasch ausbessert. Hinzu kommen gasgefüllte Bläschen im Zellinneren, die das Licht brechen. Die Gasfüllung der Bläschen kann zudem von der Zelle in Abhängigkeit von Licht- und Sauerstoffgehalt reguliert werden, sodass *H. salinarum* in der Salzlake gezielt auf- und absteigen kann. Zusätzlich hat es noch einen aktiven Antrieb mit Geißeln, der es wie eine Schiffsschraube fortbewegt.

Seine Nahrung sind Aminosäuren, die es in der Salzlake findet und bei denen es sich um die Überreste anderer Lebewesen handelt. Es lebt womöglich aber auch in Symbiose mit der Grünalge *Dunaliella salina*, die ebenfalls in hochkonzentrierten Salzlösungen vorkommt und Glyzerin ausscheidet. Es gibt Hinweise, dass *H. salinarum* nicht nur von dem Glyzerin lebt, sondern Mikronährstoffe ausscheidet, die die Alge benötigt. Zusätzlich kann es mithilfe des roten Farbstoffs Bacteriorhodopsin Energie aus Sonnenlicht gewinnen. Die Farbe wechselt dabei zu Gelb. Drei weitere Rhodopsinfarbstoffe ermöglichen ihm die Orientierung zum Licht beziehungsweise die Kontrolle des Salzgehalts.

Diese Bacteriorhodopsine, die den für das Sehvermögen verantwortlichen Pigmenten im menschlichen Auge ähneln, haben eine ganz neue Forschungsrichtung begründet: die Optogenetik. Die Gene für Farbstoffe lassen sich gezielt in Zellen einschleusen. Da sich die Farbstoffe unter Lichteinfluss verändern und dabei eine chemische Reaktion auslösen, können sie als Schalter genutzt werden, um bestimmte Funktionen der Zelle durch Lichtblitze in Sekundenbruchteilen zu unterbrechen oder wieder einzuschalten. Dies hat der Forschung bereits die Untersuchung der exakten Abfolge der einzelnen Schritte chemischer Prozesse beziehungsweise der Signalweitergabe innerhalb einer Zelle oder sogar die Untersuchung der Weiterleitung von Reizen in den Nervenbahnen von Tieren ermöglicht. Damit hat die Biologie ein ganz neues Präzisionswerkzeug.

Für die Bewegung von *H. salinarum* sorgen Geißeln, deren Drehrichtung sich durch bestimmte Reize ändert. Werden die

Lebensumstände ganz und gar ungünstig, verfällt der Organismus in eine Art Starre, in der er Jahrtausende überdauern kann. Forschern gelang es, Mikroben, die im Inneren von einigen zehntausend Jahre alten Salzkristallen eingeschlossen waren, wieder zum Wachsen zu bringen.

Salz trocknet nie ganz aus; im Inneren der Kristalle gibt es immer winzige Wassereinschlüsse, die aber im Vergleich zur Größe von *H. salinarum* riesig sind. Da dabei auch andere organische Materie eingeschlossen wird, hätte das Archaebakterium für lange Zeit Nahrung zur Verfügung, bis es schließlich in eine Starre verfiele. Ob sie aber Jahrmillionen und damit ganze erdgeschichtliche Epochen in Salzkristallen überleben, ist umstritten.

Constrictibacter antarcticus

Das verdichtete Stäbchen

FORM oval- bis stäbchenförmig
LÄNGE 1,5 bis 2 Mikrometer
DICKE 0,8 bis 1 Mikrometer
FORTBEWEGUNG ja
AUFTRETEN oft als Paar oder als Kette aus mehreren Zellen

Constrictibacter antarcticus wurde 2011 im Inneren eines Gesteinsbrockens entdeckt, den japanische Forscher ein paar Jahre zuvor im antarktischen Skallen-Gebiet gesammelt hatten. Dort, im Osten des eisigen Kontinents, ragt blanker Fels aus dem Eis. Die Umgebung ist extrem lebensfeindlich: Es ist knochentrocken, im Winterhalbjahr gibt es kein Sonnenlicht, im Sommer hingegen scheint die Sonne permanent und flutet die schattenlose Umgebung mit UV-Licht. Die Temperatur liegt bis auf wenige Wochen im Jahr permanent unter dem Gefrierpunkt. Dennoch gibt es hier Lebewesen. Sie haben sich allerdings zum Schutz vor Trockenheit, Kälte und UV-Licht in das Innere von Felsen und Steinen zurückgezogen.

Biologen nennen solche im Fels wohnenden Lebewesen Endolithen und unterscheiden drei verschiedene Typen: Die Chasmoendolithen leben in natürlich vorkommenden winzigen Gesteinsrissen und -spalten. Euendolithen dagegen dringen aktiv ins Gestein vor und schaffen mit den Tunneln und Löchern, die sie hinterlassen, Platz für andere Endolithen, beispielsweise die Cryptoendolithen, die allerdings auch in Gestein anzutreffen sind, das von Natur aus porös ist. Endolithen werden in Gesteins-

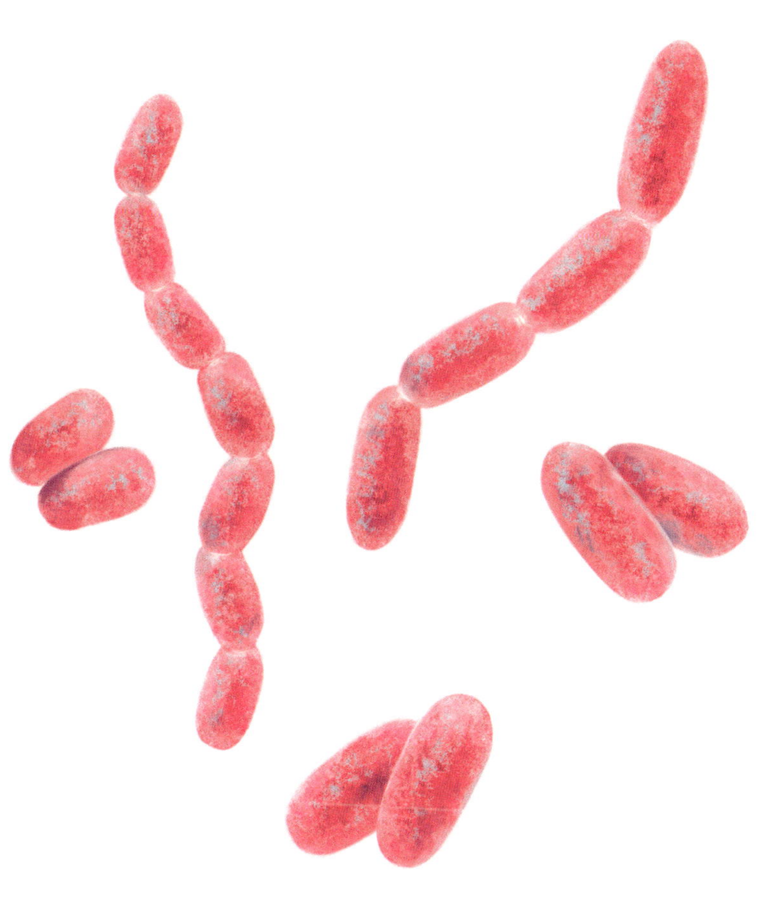

proben aus der ganzen Welt gefunden. Stammen diese Proben von der Erdoberfläche wärmerer Regionen, sind sie oft von ganzen Lebensgemeinschaften besiedelt: Flechten (Lebensgemeinschaften zwischen Pilzen und Mikroorganismen, die Fotosynthese betreiben), Blaualgen (Cyanobakterien), Pilze sowie Bakterien und Archaebakterien leben mit- und voneinander.

Endolithen finden sich aber auch in Gestein auf oder unter dem Meeresgrund sowie in Tiefengestein aus Minen oder Bohrkernen. Weil hier kein Licht und meist auch keine organischen Reste von anderen Lebewesen hinkommen, führen sie ein karges Leben und sind in der Regel *chemolithoautotroph*, stellen also alle lebensnotwendigen Moleküle und Zellbestandteile aus Steinen her, den anorganischen Ressourcen ihrer Umgebung. Ihre Energie gewinnen sie aus Eisen oder Schwefel, die sie zumeist durch Säuren, die sie ausscheiden, aus dem Gestein herauslösen. Als Kohlenstoffquelle nutzen sie Kohlendioxid oder Carbonate.

Die extreme Energie- und Nährstoffarmut ihrer Umwelt führt dazu, dass sie sich nur sehr langsam vermehren. Mikrobiologen schätzen, dass sich die Zellen nur alle paar Hundert Jahre einmal teilen können. Rekordhalter sind Bakterien, die Wissenschaftler 2013 aus Gestein isolierten, das im Rahmen des Integrated Ocean Drilling Program aus einer Tiefe von 2,4 Kilometer unterhalb des Meeresbodens gefördert wurde.

Dabei nahm das 143 Meter lange Bohrschiff *JOIDES Resolution* – ursprünglich im Auftrag der Ölfirma BP für die Suche nach Ölquellen unterwegs – Bohrungen bis in eine Wassertiefe von 8 200 Metern vor. Auf mehr als hundert Expeditionen förderten die etwa fünfzig Techniker und Forscher an Bord des Schiffs rund zweitausend Proben des Meeresbodens und führten in den Bohrlöchern Messungen durch, um mehr über die physikalischen und chemischen Eigenschaften der ozeanischen Erdkruste zu erfahren.

Die in diesen Bohrkernen gefundenen Bakterien, die noch nicht näher charakterisiert sind, teilen sich vermutlich nur einmal in zehntausend Jahren. Ihr Lebensraum wurde vor etwa hundert Millionen Jahren von der Oberfläche beziehungsweise vom Meer abgeschlossen. Entsprechend gering ist ihre Zahl im Vergleich zu einer Bodenprobe von der Oberfläche: In der Tiefe finden sich in einem Teelöffel Gestein zehntausend Bakterien, in Böden aus gemäßigten Zonen Milliarden oder gar Billionen.

Trotz der geringen Besiedlungsdichte und weil die ozeanische Kruste 60 Prozent der Erdoberfläche ausmacht, ist dieses Tiefengestein unter dem Meer vermutlich das größte Ökosystem der Erde – und eines, das vom Sonnenlicht völlig unabhängig funktioniert. Seine natürliche Grenze ist durch die Zunahme der Temperatur in der Tiefe bestimmt. Sie beträgt in fünf Kilometer Tiefe zwischen 150 und 200 Grad Celsius.

Biologen interessieren sich noch aus anderen Gründen für Endolithen wie *C. antarcticus*: Diese Organismen könnten auch unter Bedingungen existieren, wie sie auf dem Mars oder bestimmten Monden des Jupiters und Saturns herrschen. Solche genügsamen Bakterien könnten in Gesteinsbrocken, die nach kosmischen Katastrophen ins All geschleudert werden, vermutlich eine Reise durchs All überleben und auf diese Art und Weise neue Welten besiedeln. Bislang blieben die Untersuchungen von Meteoriten allerdings ohne eindeutigen Befund.

Cupriavidus metallidurans

Der metallertragende Kupferliebhaber

FORM stäbchenförmig
LÄNGE 1,2 bis 2,2 Mikrometer
DURCHMESSER 0,8 Mikrometer
FORTBEWEGUNG mithilfe von Geißeln, die über die gesamte Oberfläche verteilt sind
AUFTRETEN einzeln, in Paaren oder in kurzen Ketten

Cupriavidus metallidurans kann nicht nur in stark schwermetallhaltigen Umgebungen wachsen, er kann auch Goldnuggets bilden und ist in die Kunst eingegangen.

Entdeckt wurde der metallertragende Kupferliebhaber 1974 im Abwasserbecken der Zinkhütte Metallurgie de Prayon im belgischen Engis. Seine Entdecker, belgische Forscher, waren gezielt auf der Suche nach Bakterien, die hohe Metallkonzentrationen ertragen, denn sie können dazu beitragen, Schwermetallionen aus Böden zu beseitigen. In der Umgebung von Engis wurde schon im Mittelalter Zink abgebaut und Messing hergestellt – entsprechend belastet sind die Böden. Später fand sich die Bakterie auch in anderen Gegenden der Welt, etwa in Afrika, Australien, China und Japan, und zwar ebenfalls in Böden und Sedimenten mit hohem Schwermetallgehalt, vor allem an Industriestandorten. Doch auch auf Goldnuggets sowie in und an der Internationalen Raumstation ISS wurde es gefunden. Das Bakterium toleriert hohe Konzentrationen von mehr als zwanzig verschiedenen Metallionen, darunter die Schwermetalle Blei, Cadmium, Chrom, Kupfer, Nickel, Silber und Zink, aber auch Kobalt und Quecksilber.

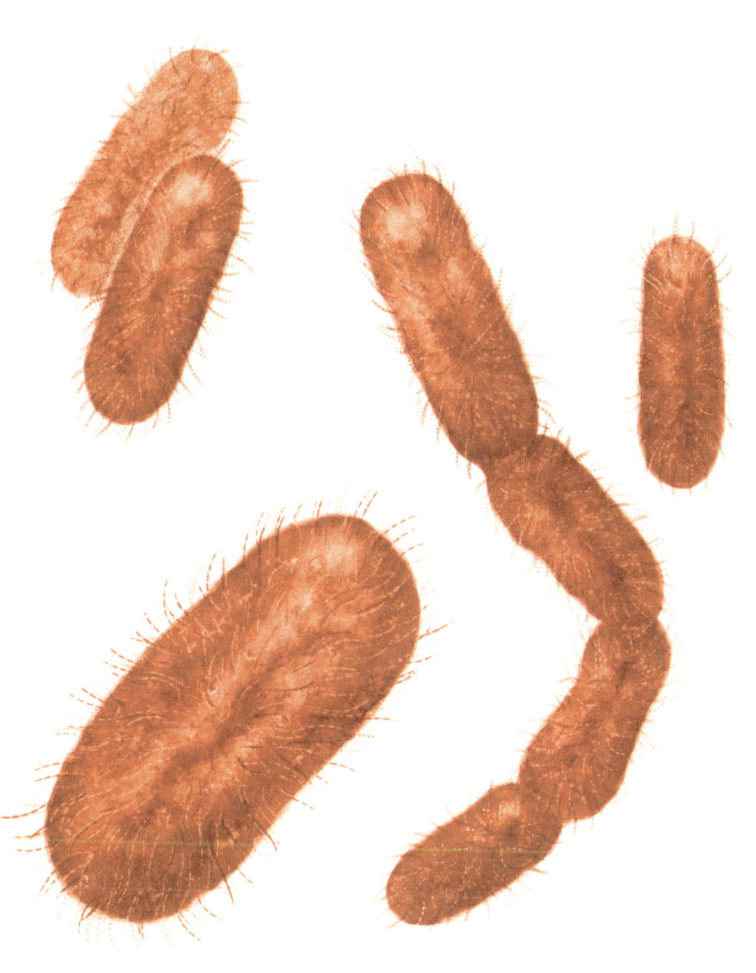

Diese Schwermetalle kommen nicht nur durch industrielle Produktion oder die Verbrennung von Öl und Kohle in die Umwelt. Zu den großen natürlichen Quellen zählen vulkanische Emissionen, unterseeische Raucher und Geysire. Die Natur ist zudem voll von metallhaltigen Mineralien, und auch metallhaltige Biotope kommen auf der Erde relativ häufig vor. Lebewesen benötigen Metalle als Spurenelemente, auch solche, die wie Kupfer, Kobalt, Zink oder Nickel in höheren Konzentrationen giftig sind. Metallionen erleichtern die zur Energiegewinnung aus Nahrungsmitteln notwendige Übertragung von Elektronen. Im menschlichen Körper ist die Hälfte aller Enzyme metallhaltig. Hinzu kommt das Blut, das allein 4,5 Gramm Eisen enthält. Das entspricht dem Gewicht eines großen Nagels. Eisen ist Bestandteil des roten Blutfarbstoffs, der in der Lunge Sauerstoff bindet, diesen transportiert und im Gewebe wieder abgibt.

Giftig werden viele Metallionen in höherer Konzentration. Dann führen sie zur Bildung freier Radikale und lagern sich an Proteine an, sodass sie deren Flexibilität oder das aktive Zentrum von Enzymen behindern. Schwermetallionen können aber auch essenzielle Spurenelemente aus ihren Bindungsstellen verdrängen und damit grundlegende Zellfunktionen lahmlegen.

C. metallidurans kann diese Effekte nicht verhindern, besitzt aber ein ausgeklügeltes System von Proteinen, die Metallionen ins Innere transportieren und wieder hinausbefördern. Damit stellt das Bakterium sicher, dass nur die überlebensnotwendigen Metallionen vorhanden sind – und zwar in der richtigen Konzentration.

Das kostet Energie, aber die ist in Lebensräumen, die das Bakterium besiedelt, ausreichend vorhanden, da es wegen der hohen Metallbelastung kaum Nahrungskonkurrenten gibt.

Die Gene für die zahlreichen Transportproteine finden sich fast ausschließlich auf sogenannten mobilen Elementen im Genom, die dafür bekannt sind, dass sie sehr rasch zwischen verschiedenen Bakterien ausgetauscht werden. Bekanntestes Beispiel sind Antibiotikaresistenzen, die sich ebenfalls über mobile Elemente verbreiten. Solche Mechanismen erlauben es Bakterien, sich sehr rasch an ungünstige Bedingungen anzupassen und ökologische Nischen zu erobern.

Die Regulationsmechanismen von *C. metallidurans* sind inzwischen ein Werkzeug für die Biotechnologie geworden, man lässt sie wie ein Schalter auf Gene wirken, die für eine Farbstoffproduktion sorgen, und kann so hocheffiziente Biosensoren herstellen. Sie können über Farbreaktionen mehr oder weniger spezifisch das Vorhandensein bestimmter Metalle anzeigen.

Sind Goldsalze in der Umgebung vorhanden, werden sie von *C. metallidurans* zu elementarem Gold umgewandelt, sodass es winzige Goldpartikel ausscheidet. Daher ist es tatsächlich an der Bildung von Goldnuggets beteiligt.

Um dies zu demonstrieren, schufen der Mikrobiologe Kazem Kashefi und der Künstler Adam Brown 2012 eine Installation mit dem Titel *The Great Work of the Metal Lover*, mit dem sie auf die *Opus magnum* genannten Versuche mittelalterlicher Alchemisten anspielten, unedle Stoffe in Gold zu verwandeln. *C. metallidurans* befand sich dabei in einem transparenten Bioreaktor in einer farblosen Goldlösung und produzierte einen Biofilm aus Goldpartikeln, die später isoliert und auf elektronenmikroskopische Fotos dieser Biofilme geklebt wurden.

Magnetospirillum magnetotacticum

Die kleine magnetische Spirale, die sich an Magneten orientiert

FORM spiralförmig gekrümmt
LÄNGE 4,0 bis 6,0 Mikrometer
DICKE 0,2 bis 0,4 Mikrometer

Sehen, hören, tasten, schmecken und riechen sind die im Tierreich verbreiteten Sinne. Ob Bakterien tasten, hören oder riechen können, ist nicht bekannt. Aber sie besitzen die Fähigkeit, gewisse physikalische Reize wahrzunehmen, um sich an ihnen zu orientieren und sich gezielt hin- oder wegbewegen zu können. Auch auf chemische Reize reagieren sie. Noch mehr wahrnehmen kann *Magnetospirillum magnetotacticum.* Das Bakterium kann das Magnetfeld der Erde nutzen, um sich zu orientieren. Entdeckt wurde es 1958 von Salvatore Bellini, einem italienischen Arzt, der mit einem Mikroskop Wasserproben nach Krankheitserregern durchforstete. Dabei bemerkte er, dass bestimmte Bakterien auf seinem Objektträger stets nordwärts schwammen und sich am Ende in der nördlichsten Position des Wassertropfens sammelten. Mit einem Magneten konnte er die Bakterien ablenken. Aus diesen Beobachtungen und weiteren Experimenten schloss er, dass die Bakterien in ihrem Inneren mithilfe von Eisenverbindungen einen magnetischen Dipol erzeugten, der ihnen zur Orientierung diente.

Seine Entdeckung konnte von der Fachwelt nicht zur Kenntnis genommen werden, denn ein Rat von älteren Forschern der Universität Pavia, die eine Veröffentlichung hätte genehmigen

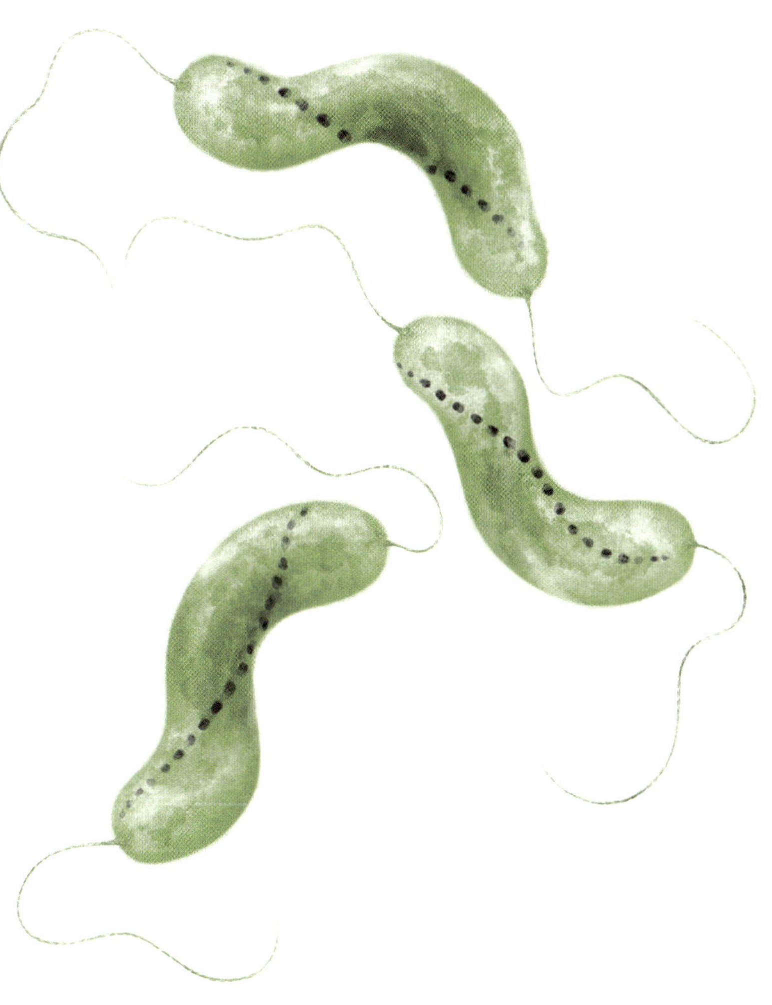

müssen, hielt die Entdeckung für unglaubwürdig und verweigerte eine Freigabe der Manuskripte, die dann im Archiv verstaubten. Das änderte sich erst 2007, als die Manuskripte wiederentdeckt wurden. Bis dahin galt der amerikanische Forscher Richard P. Blakemore als Entdecker: Er hatte 1975 unter seinem Mikroskop das gleiche Verhalten an Bakterien aus einem Teich in Woods Hole, Massachusetts, beobachtet – auch sie bewegten sich hartnäckig nordwärts.

Heute weiß man, dass *M. magnetotacticum* in seinem Inneren sogenannte Magnetosomen bildet – bläschenförmige Gebilde, in die mithilfe von speziellen Transportprozessen Eisenionen aus der Umgebung gepumpt werden. Im Innern der Bläschen ermöglicht das chemische Milieu die Kristallbildung. Die Magnetosomen wiederum werden durch spezielle Proteine in der Mitte der Zellachse des Bakteriums kettenförmig angeordnet, sodass sie nicht durch gegenseitige Anziehung verklumpen. Nur so können sie wie ein Stabmagnet beziehungsweise eine Kompassnadel wirken. Typischerweise enthält eine Zelle fünfzehn bis zwanzig dieser Magnetosomen.

Der Magnetsinn ermöglicht den Bakterien, den magnetischen Feldlinien zu folgen, die in den Erdkörper hinein verlaufen. Vermutlich gelangen sie so schnell in das spezielle Milieu am Grund von Gewässern, das sie für ihr Wachstum bevorzugen.

Außer *Magnetospirillum* wurden inzwischen zahlreiche weitere Bakterien entdeckt, die Magnetosomen ausbilden.

Magnetotaktische Bakterien wie *M. magnetotacticum* stoßen inzwischen auf großes Interesse in Technik und Medizin. Ihre Magnetosomen enthalten nämlich Magnetitkristalle einer genau definierten Größe (45 Nanometer). Diese Eigenschaft ist wichtig, denn zu kleine oder zu große Kristalle bilden kein stabiles beziehungsweise kein gleich ausgerichtetes magnetisches Moment aus. Die bakteriell gebildeten Magnetosomen und ihre Magnetitkristalle sind künstlich hergestellten Magnetitpartikeln hinsichtlich Form und konsistenter Größe bislang deutlich überlegen.

Medizinische Anwendungen sind denkbar bei der Magnetresonanztomografie, für magnetische Hyperthermiebehandlungen oder den von außen gelenkten Transport von Medikamenten in Tumore. In Labor und Technik können die bakteriellen Magnetitkristalle zum Auftrennen von großen Molekülen, für Nanosensoren und -schalter usw. genutzt werden. Leider ist es bislang nicht möglich, magnetotaktische Bakterien in so großen Mengen zu züchten, dass ausreichend Magnetosomen für kommerzielle Anwendungen gewonnen werden können.

Der Name *Magnetospirillum magnetotacticum*, kleine magnetische Spirale, die sich an Magneten orientiert, verweist gleich doppelt auf die magnetischen Eigenschaften der Bakterie.

Desulforudis audaxviator

Das kühn reisende, schwefelreduzierende Stäbchen

FORM stäbchenförmig
LÄNGE 4,8 Mikrometer
DICKE 0,3 Mikrometer
FORTBEWEGUNG mithilfe von Geißeln
BESONDERE EIGENSCHAFTEN thermophil und verträgt keinen Sauerstoff

Unter Wissenschaftlern steht schon seit längerer Zeit fest, dass der Planet Mars vor Milliarden Jahren ein wasserreicher Planet mit Flüssen und sogar einem Ozean gewesen sein muss. Heute sind fast 90 Prozent des ursprünglich vorhandenen Wassers ins All verschwunden. Die stark elliptische Umlaufbahn des Planeten um die Sonne führt im Mars-Sommer zu erheblichen Temperaturunterschieden zwischen der Süd- und der Nordhälfte. Dabei entstehen starke Winde, die Wasserdampf in die höheren Schichten des Nordpols befördern, wo die Wassermoleküle von Sonnenlicht gespalten werden. So entsteht Wasserstoff, der ins All entweicht. Wasser findet sich auf dem Mars heute nur noch als selten auftretender Raureif, Wasserdampf oder in unterirdischen Seen, von denen einer 2018 unter dem Südpol entdeckt wurde.

Doch wenn es früher einmal viel Wasser gab, ist es theoretisch möglich, dass auch auf dem Mars Leben entstand. Wenn das so war – wohin ist es verschwunden? Die Oberfläche ist vor allem durch die UV-Strahlung der Sonne extrem lebensfeindlich, und Wasser findet sich allenfalls im Boden. Könnte es sein, dass das Leben sich in die Tiefe zurückgezogen hat?

Um zu klären, ob so etwas möglich ist, stellten sich Wissenschaftler des Astrobiologischen Instituts der NASA die Frage, ob es auf der Erde Beispiele für einen solchen Rückzug von Lebewesen in die Tiefe gibt. Gab es Bakterien, die vor Jahrmillionen von der Erdoberfläche abgeschnitten wurden und seither dort existieren?

Fündig wurden sie 2006 in der afrikanischen Mponeng-Goldmine in Witwatersrand. Sie zählt zu den tiefsten der Welt und ist für Menschen zugänglich. Dort stießen die Forscher in heißem Wasser, das in fast drei Kilometer Tiefe aus Rissen im Gestein quillt, auf Bakterien, die alle derselben Art angehörten. Sie tauften das Bakterium *Desulforudis audaxviator* (offiziell ist es noch *Candidatus*, also nicht abschließend benannt).

Der Zoologe Edward O. Wilson, einer der bedeutendsten zeitgenössischen Evolutionsforscher, hielt die Entdeckung eines Bakteriums, das vollkommen unabhängig vom Sonnenlicht in Tiefengestein existiert, für so bedeutend, dass er diesen Organismus sofort zum Thema seiner Vorlesungen zur Biodiversität machte.

Mittlerweile ist klar, dass *D. audaxviator* seit etwa 25 Millionen Jahren vom Leben an der Erdoberfläche abgeschnitten ist. Damals war die afrikanische Kontinentalplatte gerade mit Eurasien kollidiert und die ersten Affen bevölkerten Afrika. Das Klima war kühl, Südafrika war von Baumsavannen bedeckt. Doch nicht nur in Afrika kommt das Bakterium vor: Geomikrobiologen fanden es auch in Tiefbohrungen und Minen in den USA ebenso wie in Europa und Asien. Sie gehen davon aus, dass es sich durch geologische Prozesse im Tiefengestein des ganzen Planeten ausgebreitet hat.

Wie es von der Erdoberfläche in die geologisch viel älteren

Tiefen gelangt ist, ist nicht geklärt. *Desulforudis* bedeutet schwefelreduzierendes Stäbchen; das Epitheton *audaxviator* (kühner Reisender) erhielt es nach einer Inschrift in lateinischer Sprache, auf die Professor Otto Lidenbrock bei seiner *Reise zum Mittelpunkt der Erde* in Jules Vernes gleichnamigem Roman stößt: »... descende, audax viator, et terrestre centrum attinges« – »steige hinab, kühner Reisender, und gelange zum Mittelpunkt der Erde«. Heute ist es an das Leben dort unten perfekt angepasst: Es wächst in einer sauerstoffarmen, völlig lichtlosen Umgebung bei Temperaturen um die 60 Grad Celsius und toleriert ein ziemlich alkalisches Milieu mit einem pH-Wert von 9,3. Nährstoffe sind dort allerdings so rar, dass die Entdecker vermuten, dass sich *D. audaxviator* in der Tiefe nur alle hundert bis tausend Jahre einmal teilen kann.

Seine Energie bezieht es indirekt aus dem radioaktiven Zerfall des Urans, das im Tiefengestein enthalten ist. Die Strahlung zersetzt Wassermoleküle, und das Bakterium nutzt den dabei entstehenden Wasserstoff zur Reduktion von Sulfaten – Schwefelsalzen, die ebenfalls im Gestein vorkommen. Den Stickstoffbedarf deckt *D. audaxviator* aus Ammoniumionen aus der Umgebung. Es besitzt aber auch noch Gene für Enzyme, die gasförmigen Stickstoff umwandeln können. Als Kohlenstoffquelle nutzt es Gase wie Kohlenmonoxid oder Kohlendioxid, kann aber auch abgestorbene Artgenossen recyceln. Ihm fehlt die Fähigkeit, Sauerstoff zu tolerieren – ein weiterer Hinweis darauf, dass es bereits sehr lange von der Erdoberfläche isoliert lebt.

Sein Genom besteht aus nur 2157 Genen. Diese Gene versetzen es in die Lage, Nährstoffe zu erkennen und zu verwerten, Energie zu erzeugen und alle notwendigen Aminosäuren herzustellen. *D. audaxviator* besitzt eine Geißel, mit deren Hilfe es sich in die gewünschte Richtung bewegen kann. Es kann wie eine Reihe anderer Bakterien Endosporen bilden, um ungünstige Bedingungen zu überdauern. Dabei bilden Bakterien – meist ausgelöst durch Nahrungsmangel – eine mehrschichtige und nahezu undurchdringliche Hülle, in deren Innerem die DNA durch spezielle Proteine geschützt wird. Der Wassergehalt ist in Endosporen stark herabgesetzt, und die Stoffwechselaktivität kommt praktisch vollständig zum Erliegen. Solche Endosporen können Jahrzehnte, unter besonderen Bedingungen (*Lysinibacillus sphaericus* → S. 80) sogar Millionen Jahre überstehen. Sind die Bedingungen günstig, kann aus diesem Dauerschlafstadium wieder ein Bakterium entstehen.

Eng verwandte Bakterien wurden mittlerweile in Bohrkernen aus großer Tiefe und unterhalb geothermaler Quellen in dreieinhalb Kilometer Tiefe gefunden. Klar ist mittlerweile auch, dass das Bakterium zahlreiche Gene anderer Bakterien und Archaebakterien integriert hat, auf die es bei seiner evolutionären Reise in die Tiefen der Erde gestoßen ist.

Dort unten ist es ziemlich einsam: Das Ökosystem von *D. audaxviator* besteht aus ihm selbst, dem Gestein, dem Wasser, den Gasen seiner Umgebung und dem Zerfall radioaktiver Elemente, von dem es seine Lebensenergie bezieht. Es lebt damit zum einen völlig unabhängig vom Sonnenlicht und vom Rest der Biosphäre, denn es benötigt keine Abfallprodukte anderer Lebewesen – auch keinen Sauerstoff, dessen Existenz in der Atmosphäre den Pflanzen zu verdanken ist. Zum anderen ist es die erste Lebensform, die auf der Basis von Kernenergie lebt. Daher interessieren sich Astrobiologen stark für den Organismus. Sie vermuten, dass ähnliche Lebewesen nicht nur den Mars, sondern auch die Jupitermonde Io, Europa und Ganymed oder die Saturnmonde Enceladus und Titan bevölkern könnten. Auch dort fehlen Sauerstoff und Sonnenlicht, aber alle anderen Faktoren sind vorhanden.

Chromulinavorax destructans

Der zerstörerische Glanzalgenverschlinger

FORM rund
DURCHMESSER 350 bis 400 Nanometer

Chromulinavorax destructans ist eine Art Zombiebakterium, das als Untoter im Süßwasser unseres Planeten dümpelt. Es zeigt keinerlei Stoffwechselaktivitäten und kann daher weder wachsen noch sich teilen und vermehren. Das ändert sich, wenn es von der Glanzalge *Spumella elongata* verschluckt wird, einer der häufigsten auf der Erde vorkommenden Glanzalgen, die in Gewässern schwimmt und von Bakterien, Viren und Einzellern lebt. Dann erwacht *C. destructans* zum Leben und frisst sein Opfer von innen her auf. Mikrobiologen gaben ihm daher den treffenden Namen zerstörerischer Glanzalgenverschlinger.

Dabei verschlingt zunächst die Alge den Parasiten: Sie umfasst ihn mit einer kleinen Ausstülpung ihrer Zellmembran und schleust dieses Bläschen nach innen, um den Inhalt zu verdauen. Doch *C. destructans* blockiert diesen Prozess und übernimmt den Stoffwechsel der Alge. Schon drei Stunden später versammeln sich die Mitochondrien der Alge um das Bläschen mit der Bakterie. Sie versorgen *C. destructans* mit der nötigen Energie, damit die Zombiebakterie die Zellbestandteile der Alge für das eigene Wachstum und für schnelle Teilungen nutzen kann. Nach zwölf Stunden sind zwei Drittel der Alge mit neuen Parasiten angefüllt, weitere sechs Stunden später platzt die Alge auf und entlässt neue Bakterien in die Umwelt.

Eine Analyse des Genoms ergab, dass die Bakterie über kei-

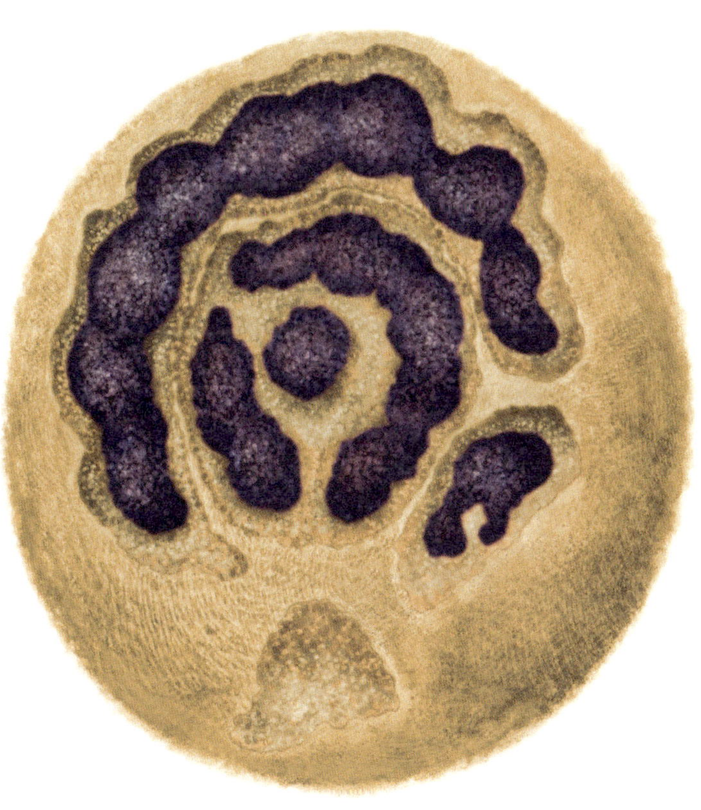

CHROMULINAVORAX DESTRUCTANS
[in Glanzalge, 9 Stunden nach Infektion]

nen einzigen kompletten Stoffwechselweg verfügt, sie kann also keinen der für den Aufbau von Eiweiß, Genen, Kohlenhydraten oder Fetten benötigten Bausteine selbst herstellen, sondern nur Vorhandenes zerstören und umbauen.

Damit hat die Bakterie viel Ähnlichkeit mit einem Virus – sie kann sich nur in bestimmten Zellen vermehren und ist außerhalb ihres Wirts völlig inaktiv. Der wesentliche Unterschied: Anders als Viren ist *C. destructans* für die Vervielfältigung seines Erbmaterials nicht auf den Zellapparat des Wirts angewiesen. Am Beginn der Entdeckung des merkwürdigen Bakteriums, das zu einem ebenso merkwürdigen Stamm namens *Dependentiae* (Plural von *dependentia*, lat. Abhängigkeit) gehört, stand eine systematische Suche nach unbekannten Sequenzen in RNA-Bibliotheken aus Bodenproben. Die Forscher wurden fündig, suchten weiter und fanden schließlich die gleichen oder stark ähnliche Sequenzen in Abwasser, heißen Quellen und Biofilmen, die Duschköpfe, Wasserleitungen und Waschbecken überzogen. Aus den Sequenzen konnten sie – ähnlich wie Archäologen aus Papyrusfragmenten ganze Texte rekonstruieren – Gene und Genome im Computer zusammensetzen und auswerten. Die Analyse zeigte, dass es sich bei den Angehörigen dieses neuen Stamms um parasitär lebende Bakterien handeln musste: Sie hatten nur vergleichsweise wenige Gene für Stoffwechselenzyme, dafür aber viele für Transportproteine, sie lebten also offenbar auf Kosten anderer Organismen. Weitere Gene legten nahe, dass es sich bei den Wirten vermutlich um eukaryontische Einzeller handelte. Zu diesem Zeitpunkt hatten die Forscher aber noch keinen dieser merkwürdigen Organismen gefunden!

Das gelang erst, als die Forscher nach einzelligen Lebewesen suchten, die in den Biotopen vorkamen, in denen die Gene gefunden wurden: Amöben und Flagellaten, also Einzeller, die sich entweder kriechend (Amöben) oder mithilfe von Geißeln (Flagellaten) fortbewegen und die sich hauptsächlich von Bakterien ernähren. So fanden sie *Chromulinavorax destructans* als Parasiten der Glanzalge *Spumella elongata.*

Bdellovibrio bacteriovorus

Das bakterienfressende, egelgleiche Stäbchenbakterium

FORM ausschwärmende Zellen ähneln einem leicht gekrümmten Stäbchen (das vordere Ende ist leicht abgeplattet)
LÄNGE 0,75 bis 1,2 Mikrometer
BREITE 0,3 bis 0,4 Mikrometer

Bdellovibrio bacteriovorus, das bakterienfressende, egelgleiche Stäbchenbakterium, ist der Raubfisch unter den Bakterien. Es jagt in Süß- und Salzwasser Bakterien wie *E. coli* → S. 270, *Salmonella* oder *Pseudomonas* (*Pseudomonas aeruginosa* → S. 172), indem es sie rammt, aufbohrt und sich sodann von ihnen ernährt. Anders als der Name suggeriert, saugt es seine Beute aber weder aus, noch zerfleischt es sie wie ein Hai. Es heftet sich mithilfe von Pili an seine Opfer und ätzt durch Enzyme ein Loch in die Zellwand. Innen angekommen, verschließt es die Lücke und sorgt dafür, dass sein Wirt die Zellwand von innen rundum verstärkt. Der verformt sich dabei zu einer Kugel. Diese hermetische Abriegelung dient vermutlich dazu, das Austreten von Nährstoffen zu verhindern, wenn *B. bacteriovorus* sein Zerstörungswerk beginnt.

Es verbleibt im Zwischenraum zwischen Zellwand und Zellmembran der infizierten Zelle, verliert seine Geißel und bildet Enzyme, die die Zellmembran des Wirts durchlässig machen und seine Bestandteile verdauen. Hinzu kommen Transportproteine, die die Nährstoffe ins eigene Zellinnere befördern.

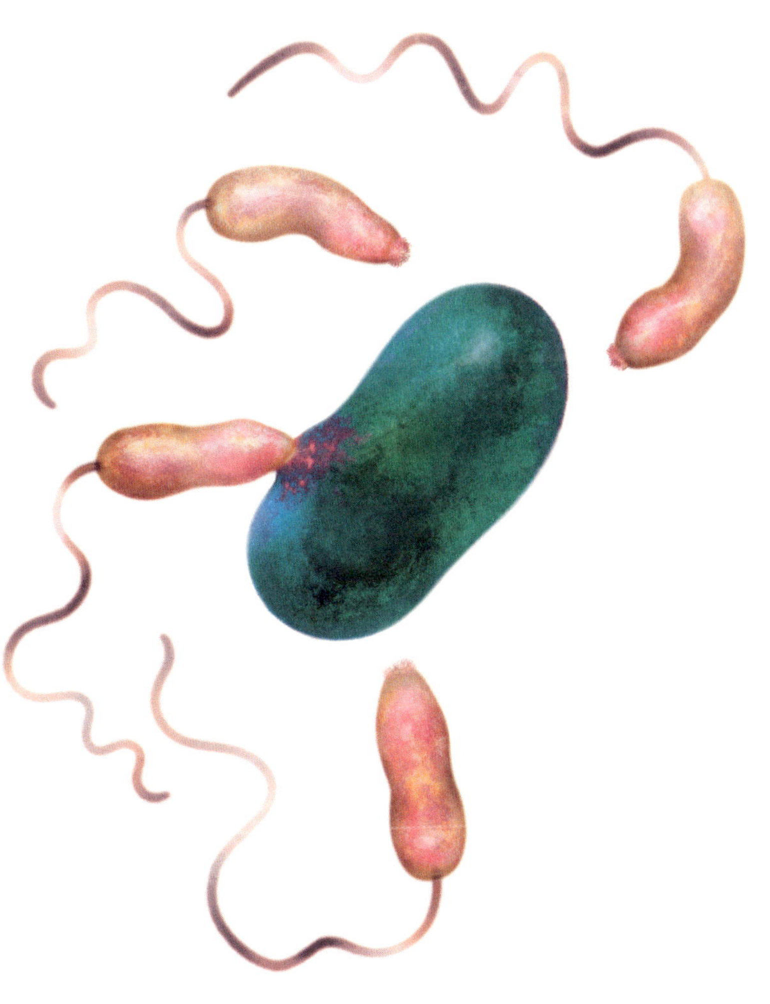

BDELLOVIBRIO BACTERIOVORUS
[und Opfer]

Dabei geht der Parasit so gründlich vor, dass Forscher bislang im Genom von *B. bacteriovorus* keine Gene finden konnten, die von Wirten stammen – vom Genom der befallenen Bakterien bleibt nichts erhalten. Während das Zellinnere des Wirts mehr und mehr schrumpft, wächst *B. bacteriovorus* zu einem Zylinder oder Schlauch heran, der sich schließlich mehrfach teilt. Nach einer Reifungsphase, bei der sich neue Geißeln bilden, lösen die neuen Bakterien die Zellwand ihrer Wirtszelle von innen her auf und machen sich ihrerseits auf die Jagd nach neuen Opfern. Deren Schicksal ist schnell besiegelt: Ein kompletter Zyklus von der Infektion bis zur Freisetzung dauert nur drei bis vier Stunden. Je nach Größe der Wirtszelle können dabei drei bis sechs, in manchen Fällen auch bis zu neunzig neue *B.-bacteriovorus*-Zellen entstehen.

Bei seiner Jagd entwickelt das Bakterium erstaunliche Geschwindigkeiten: Mit bis zu 160 Mikrometer pro Sekunde kann es in einer Sekunde das mehr als Hundertfache seiner Körperlänge zurücklegen – um vergleichbar schnell zu sein, müsste ein 1 Meter 80 großer Mensch eine Geschwindigkeit von mehr als 650 Kilometer pro Stunde erreichen. Möglich macht das eine für ein Bakterium ungewöhnlich dicke Geißel mit einer speziell gekrümmten Form. *B. bacteriovorus* scheint nicht auf chemische Reize zu reagieren, die von potenziellen Opfern ausgehen, sondern ist auf Zufallstreffer angewiesen.

Seine Fähigkeit zur Zerstörung von Bakterien, zu denen zahlreiche Krankheitserreger zählen, macht es für therapeutische Zwecke interessant. Versuche an Geflügelküken, die zuvor mit Salmonellen infiziert wurden, zeigten, dass eine Verabreichung von *B. bacteriovorus* über den Schnabel zu einer deutlichen Reduktion des Salmonellenbefalls führte. Es könnte aber auch zur Bekämpfung von Bakterien in Biofilmen, von bakteriellen Infektionen im Mund und Rachenraum, Darminfektionen usw. angewandt werden.

Das bakterienfressende, egelgleiche Stäbchenbakterium wurde 1962 von dem deutschen Mikrobiologen Heinz Stolp entdeckt. Es findet sich in Salz-, Süß- und Brackwasser, in Abwässern und Wasserleitungen, im Boden und an Pflanzenwurzeln, aber auch im Darm von manchen Tieren.

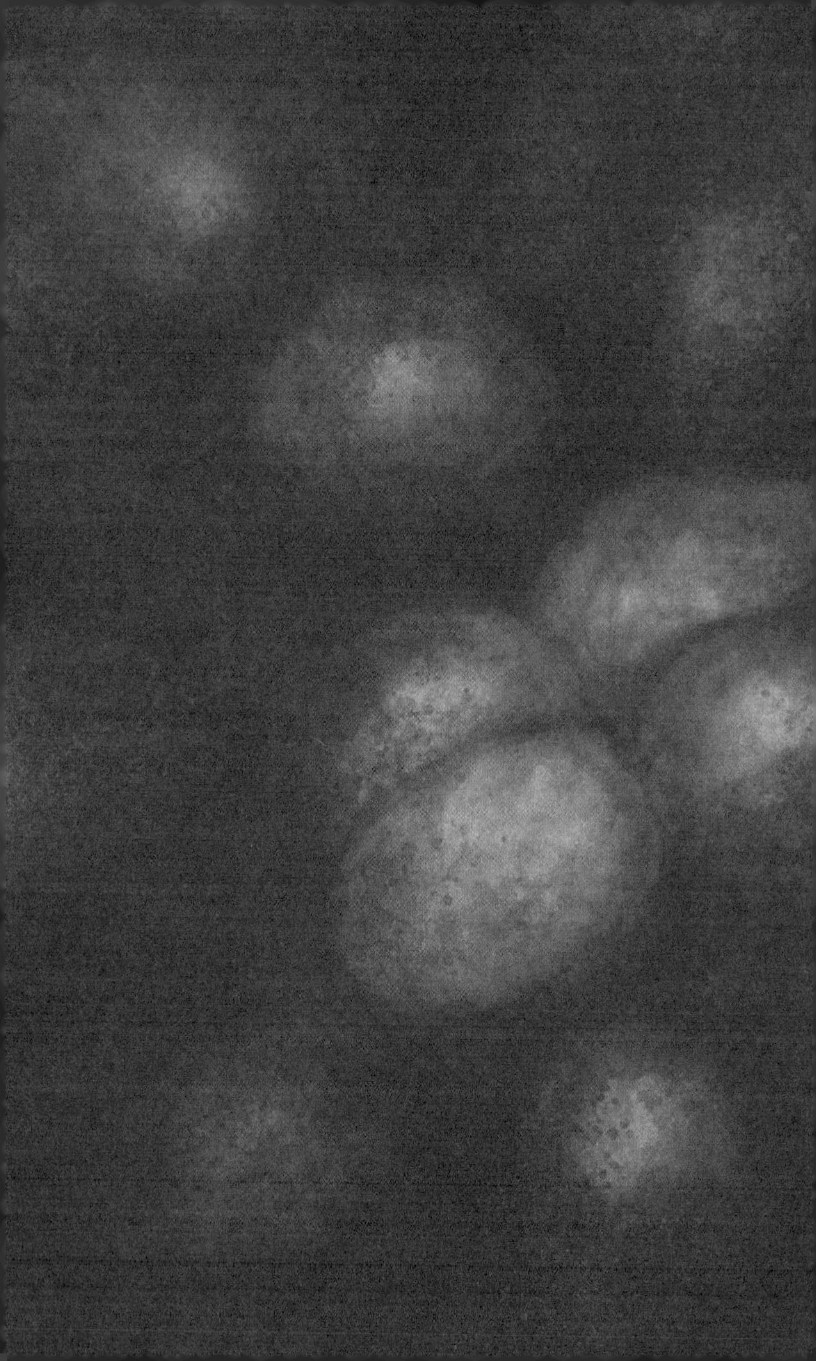

Technische Biotope

Deinococcus radiodurans

Die strahlenüberdauernde Schreckenskugel

DURCHMESSER 1,5 bis 3,5 Mikrometer
FARBE es bildet auf Nährböden glatte, konvexe Kolonien von rosa bis roter Farbe
FORTBEWEGUNG unbeweglich
AUFTRETEN meist als Komplex von 2, 4 oder 8 Zellen

Bakterien teilen sich unter günstigen Bedingungen alle zwanzig Minuten – vergleicht man diese Generationszeit mit der des Menschen, die über viele Jahrhunderte etwa zwanzig Jahre betrug, so wird klar, dass die bakterielle Evolution rasend schnell voranschreitet.

Daher ist es kein Wunder, dass Bakterien sich auch an Bedingungen anpassen, die wir Menschen aus unserer Perspektive erst vor kurzer Zeit geschaffen haben. Dazu gehören leider auch Orte, die wir gerne keimfrei halten würden.

Deinococcus radiodurans, die strahlenüberdauernde Schreckenskugel, ist das wohl widerstandsfähigste Bakterium der Welt. Es wurde entdeckt, als radioaktiver Strahlung noch mit viel Enthusiasmus begegnet wurde und ernsthafte Überlegungen angestellt wurden, Lastwagen und Flugzeuge mit Atomreaktoren anzutreiben. Radioaktivität wurde genutzt, um Zeiger und Zifferblätter von Uhren mit stark strahlender Farbe zu bemalen, damit sie nachts hell leuchteten – ein Konzept, dass Tausenden von Beschäftigten in der Uhrenindustrie den Krebstod brachte –, und sie galt als nützlich, um Lebensmittel haltbar zu machen.

1956 untersuchte der soeben promovierte Mikrobiologe Arthur W. Anderson an der Agrarwissenschaftlichen Versuchsanstalt Oregon in Corvallis, ob man Fleischkonserven, anstatt sie zu erhitzen, nicht auch einfach durch starke Gammastrahlung haltbar machen könnte. Er drehte Fleisch durch den Fleischwolf, füllte es in Blechdosen, verschloss diese und bestrahlte sie mit einer Dosis von mehreren Dutzend Gray (Gy) – genug, um einen Menschen unrettbar zu verstrahlen und innerhalb weniger Tage umzubringen. Doch mehrere der Konserven begannen nach ein paar Wochen, sich aufzublähen. Beim Öffnen stellte sich heraus, dass das Fleisch verdorben war.

Ursache war ein Bakterium, das die enorme Strahlung überstanden hatte. Es lag nahe, ihm seinen anschaulichen Namen zu geben. Bekannt wurde es auch unter dem Spitznamen ›Conan das Bakterium‹ – benannt nach dem Roman- und Filmhelden Conan der Cimmerier beziehungsweise Conan der Barbar, einer fiktiven Figur, die mehrfach dem unausweichlich erscheinenden Tod entkommt.

Später fand man das Bakterium auch im Kühlwasserkreislauf von Atomreaktoren. Heute weiß man, dass *D. radiodurans* eine akute Strahlenbelastung von bis zu 5 000 Gray übersteht – erst bei der doppelten Dosis stirbt die Hälfte der Bakterien ab – und selbst bei einer andauernden Strahlendosis von sechzig Gray pro Stunde unbeeinträchtigt lebt und sich vermehrt. Zum Vergleich: Ein Mensch überlebt maximal fünf Gray, das Darmbakterium *E. coli* 800 Gray. Auch gegen ultraviolettes Licht, das oft zur Desinfektion eingesetzt wird, ist das Bakterium außerordentlich resistent.

D. radiodurans schützt sich durch ausgeklügelte Mechanismen: Eine ungewöhnlich starke Zellwand schirmt UV-Licht ab, die DNA im Zellkern wird dank besonders effizienter Reparaturenzyme in Rekordzeit geflickt. Während normale Bakterien zwei bis drei Schäden gleichzeitig ausbessern können, schafft die Schreckenskugel bis zu fünfhundert, darunter auch die normalerweise besonders fatalen Doppelstrangbrüche der DNA – ein Trick, für den sich auch die medizinische Grundlagenforschung interessiert. Hinzu kommt, dass das Bakterium mehrere Kopien seiner Erbinformation besitzt und meist in einer Vierergruppe vorkommt, wobei die Zellen untereinander Genmaterial austauschen, das dann zur Reparatur benutzt werden kann.

Die spannende Frage ist, was zu dieser außergewöhnlichen Widerstandsfähigkeit geführt hat, denn so hohe Strahlenbelastungen kommen auf der Erde natürlicherweise nicht vor. Eine besonders spekulative Idee war die Vorstellung, *D. radiodurans* stamme ursprünglich vom Mars, dessen Oberfläche starker kosmischer Strahlung ausgesetzt ist. Heute nimmt man an, dass die Strahlenresistenz nur eine Folge der Trockenresistenz ist, denn *D. radiodurans* ist auch besonders gut gegen Austrocknung geschützt.

Die besonderen Fähigkeiten des Bakteriums werden inzwischen für Versuche genutzt, es zur Behandlung radioaktiven Abfalls einzusetzen. Mit bestimmten genetischen Modifikationen kann es beispielsweise in Atommüll enthaltenes Uran oder Quecksilber unlöslich machen oder giftige Lösemittel abbauen.

Man findet es in der Natur im Boden, in Exkrementen und Gülle, im menschlichen Darm, auf Fleisch, getrockneter Nahrung und medizinischen Instrumenten ebenso wie in Hausstaub und auf Textilien. Es kann eine Vielzahl von Nährstoffen nutzen und benötigt Sauerstoff zum Überleben.

Dehalococcoides mccartyi

Maclyn McCartys halogenspaltende Kugel

FORM scheibenförmig und hat eine ausgeprägte Vertiefung auf den beiden flachen Seiten der Scheibe
DURCHMESSER 0,3 bis 1 Mikrometer
DICKE 0,1 bis 0,2 Mikrometer
FORTBEWEGUNG nicht beweglich

Zu den bewundernswerten Eigenschaften der Bakterien zählt ihre Fähigkeit, nahezu alle komplexen Verbindungen als Nahrungs- oder Energiequelle nutzen zu können – auch solche, die aus menschlicher Perspektive äußerst gefährlich sind. *Dehalococcoides mccartyi* beispielsweise ist ein Bakterium, das extrem giftige Dioxine abbauen kann, darunter auch das Seveso-Gift TCDD. Es lebt unter Luftabschluss in Böden und gewinnt seine Energie, indem es von Dioxin und verwandten chemischen Verbindungen Chloratome abspaltet, die dann durch Wasserstoff ersetzt werden. Dabei entstehen Abbauprodukte, die von anderen Mikroorganismen leicht zersetzt werden können.

Dioxine gehören zu den chlororganischen Verbindungen, das sind Moleküle aus vorwiegend Kohlenstoff und Wasserstoff, in denen ein oder mehrere Wasserstoffatome durch Chlor ersetzt werden. Ist statt Chlor ein anderes Element der Halogengruppe eingebaut, spricht man von halogenorganischen Verbindungen. Vor allem die Verbindungen mit Chlor sind den meisten Menschen nur als künstlich geschaffene Chemikalien (DDT, Lindan, PCB, PCP usw.) bekannt.

Tatsächlich kommen aber halogenorganische Verbindun-

gen auch in der Natur vor. Sie entstehen bei Vulkanausbrüchen, Wald- und Steppenbränden und bei geothermischen Prozessen. Aber auch Lebewesen produzieren sie.

Schwämme und andere Lebewesen verhindern mit ihnen den Bewuchs mit Bakterien und schrecken Fressfeinde ab; bestimmte Kegelschnecken töten ihre Beute mit einer bromorganischen Verbindung. Erbsen, Bohnen, Linsen und andere Hülsenfrüchte produzieren chlororganische Verbindungen als Hormone; Pilze, die in Meerwasser, Binnengewässern, Klärteichen und im Erdboden vorkommen, zersetzen ihre Nahrung mithilfe des Enzyms Chloroperoxidase und bewirken damit die Bildung von Organohalogenverbindungen in erstaunlich hohen Konzentrationen. Von diesen Verbindungen leben wiederum Bakterien – und die halogenspaltende Kugel ist eines davon. Ihr natürlicher Lebensraum sind sauerstofffreie Grundwasserströme, Sedimente und Schlämme, in denen chlororganische Naturverbindungen vorkommen. Nahe Verwandte finden sich auch fernab aller menschlichen Aktivitäten, etwa in der arktischen Tundra oder in jahrtausendealten Schichten des Meeresbodens der Tiefsee.

Auch Dioxine entstehen in der Natur, etwa bei Vulkanausbrüchen und bei der Verbrennung von organischem Material in Gegenwart von chlorhaltigen Verbindungen, sobald die Temperaturen 300 Grad Celsius erreichen. Dazu gehören Waldbrände und auch beim Verbrennen von Müll, farbigen Kerzen, lackiertem oder behandeltem Holz usw. werden sie gebildet. Menge und Zusammensetzung hängen von der Temperatur und dem Chlorgehalt des Verbrennungsmaterials ab. Bekannt sind mehr als 70 verschiedene Dioxine und mehr als 130 mit dem Dioxin eng verwandte Furane, die alle unter dem Begriff Dioxine zusammengefasst werden. Nur siebzehn dieser Verbindungen sind giftig. Da Dioxine sehr stabil sind, reichern sie sich über die Nahrungskette in lebenden Organismen an. Der Mensch nimmt sie vor allem über tierische Nahrungsmittel wie Fisch, Fleisch, Eier und Milchprodukte auf.

Bekannt geworden sind diese Verbindungen durch einen Unfall, der sich 1976 in der Chemiefabrik Icmesa bei Seveso ereignete und Hunderte von Menschen sowie ein sechs Quadratkilometer großes Gebiet vergiftete.

Erhebliche Dioxinrückstände werden aber auch auf und in der Nähe von Industrieanlagen gefunden, so zum Beispiel in der ehemaligen Chemiefabrik von Boehringer Ingelheim in Hamburg-Moorfleet oder in der Region Bitterfeld, dem ehemaligen Chemieindustriezentrum der DDR.

Dort wurde *D. mccartyi* 2012 zum ersten Mal entdeckt, als Biologen zur Sanierung chemikalienverseuchter Böden gezielt nach Bakterien suchten, die chlorierte Kohlenwasserstoffe tolerieren oder abbauen können.

Mittlerweile wurde das Bakterium in vielen anderen Regionen der Welt gefunden, meist in verseuchten Böden. Dort kommen in der Regel auch enge Verwandte vor, die jeweils auf bestimmte Chlorverbindungen spezialisiert sind, und Bakterien, die die Abbauprodukte der *Dehalococcoides*-Bakterien weiter abbauen. Zahlreiche Forschungseinrichtungen und Firmen machen sich *D. mccartyi* und andere *Dehalococcoides* inzwischen zunutze, um mit ihrer Hilfe Schadstoffe wie Dioxine und andere industriell hergestellte chlororganische Verbindungen gezielt abzubauen, etwa auch die als Weichmacher bekannten Polychlorierten Biphenyle (PCB).

Alcanivorax borkumensis

Der Alkanverschlinger aus Borkum

FORM stäbchenförmig
LÄNGE 1,6 bis 2,5 Mikrometer
BREITE 0,6 bis 0,8 Mikrometer
FORTBEWEGUNG kann sich nicht aktiv bewegen

Alcanivorax borkumensis lebt im Meer und wurde zuerst in Wasserproben gefunden, die nahe der Nordseeinsel Borkum gesammelt wurden. In normalem Seewasser kommt es nur in geringer Zahl vor, aber sobald Kohlenwasserstoffe – vor allem die langkettigen Alkane – vorhanden sind, vermehrt es sich beinahe explosionsartig. Das Bakterium ist ein echter Spezialist. Es kann fast keine andere Nahrung verwerten, weder Zucker noch Kohlenhydrate noch Aminosäuren.

Dass es sich dennoch in Meerwasser findet, ist kein Wunder, denn Meerwasser enthält auch abseits der großen Schiffsrouten Kohlenwasserstoffe und Erdöl, und zwar aus natürlichen Quellen wie unterseeischen Asphaltvulkanen oder Ölvorkommen. Vor der Küste Santa Barbaras in Kalifornien etwa quellen seit mindestens 30 000 Jahren aus dem drei Quadratkilometer großen Coal Oil Point seep field (COP) täglich bis zu 24 000 Liter Erdöl aus dem Meeresboden, dazu noch ein Vielfaches an Methan und anderen Erdgasen. Sie stammen aus sieben erloschenen Asphaltvulkanen. Rekordhalter ist der Golf von Mexiko. Dort treten pro Jahr circa 160 000 Tonnen Öl aus dem Meeresboden. Hinzu kommen Öl- und Teersande an Küsten und im Binnenland. Weitere Kohlenwasserstoffe sind tierischen und

ALCANIVORAX BORKUMENSIS
[an Öltropfen]

pflanzlichen Ursprungs, denn zahlreiche Lebewesen produzieren Öle und Wachse für Überzüge, als Imprägniermittel, als Nahrungs- und Fettspeicher usw.

Dort, wo Meerwasser viel Öl enthält, kann *A. borkumensis* sich so stark vermehren, dass es zur dominierenden Art wird.

Doch auch wenn es wesentlich zur Selbstreinigung ölverschmutzter Meeres- und Strandabschnitte beiträgt, kann es eine Sanierung großer Ölmengen, wie sie bei Havarien üblich sind, nicht durchführen. Dafür müsste es sich noch schneller vermehren. Doch würde man Nitrate und Phosphate als Dünger zuführen, wäre der Sauerstoff des Meerwassers rasch verbraucht. Zudem ist *A. borkumensis* nur in Oberflächenwasser aktiv und hält hohem Druck nicht stand. Daher findet man es nicht am Meeresboden. Dort übernehmen andere Bakterien den Ölabbau.

A. borkumensis ist auf Alkane, langkettige, unverzweigte Kohlenwasserstoffe, spezialisiert, kann in geringem Umfang jedoch auch ringförmige Kohlenwasserstoffe (Aromate) abbauen. Erdöl enthält darüber hinaus verzweigte Alkane und polyzyklische Aromate, die aus Mehrfachringen und langen Ketten bestehen und wegen ihrer Giftigkeit gefürchtet sind. Zwar können auch diese Stoffe von Bakterien abgebaut werden, dennoch sind Bakterien derzeit noch kein Allheilmittel, um eine mögliche Ölpest zu bekämpfen. Hilfreich könnten aber Präparate sein, in denen Enzyme mehrerer ölabbauender Bakterien enthalten sind.

Die Kehrseite ölabbauender Bakterien ist ihre Aktivität bei der Ölförderung – sie produzieren Peroxide, Säuren und Schwefelwasserstoff, der wiederum von anderen Bakterien genutzt wird, und verringern damit die Hitzebeständigkeit des Öls und machen es leichter flüchtig.

Rätsel gibt der Fund von ölabbauenden Bakterien in der Tiefsee auf. Am Grund des elf Kilometer tiefen Marianengrabens, der tiefsten bekannten Stelle unter der Meeresoberfläche, sind erdölfressende Bakterien die dominante Art unter allen vorkommenden Artgenossen.

Die Bakteriendichte in Meerwasser nimmt bis zu einer Tiefe von etwa vier Kilometer kontinuierlich ab, danach steigt sie allmählich wieder – ab einer Tiefe von 10,4 Kilometer sogar sprunghaft. Ab dieser Tiefe herrschen ölfressende Bakterien vor, und tatsächlich ist das Wasser in dieser Tiefe reich an Kohlenwasserstoffen, die mit denen in höheren Meeresschichten nicht identisch sind. Die Herkunft dieser Alkane ist bislang unbekannt, und Forscher vermuten aufgrund der bekannten Geologie dieser Region, dass sie von bislang unbekannten Organismen gebildet werden.

Von allen ölabbauenden Bakterien ist *A. borkumensis* am besten untersucht. Leicht zu beobachten ist, dass die Bakterien sich vor der Verdauung eines Öltröpfchens an dessen Umriss anpassen. Sie verändern ihre Zellmembran, sodass sie lipophiler wird, also eine höhere Affinität zu Öl besitzt. Sie bilden Pili, um sich zusätzlich an die Öltröpfchen zu binden, und formen eine Art Biofilm um das Tröpfchen herum. Dabei geben sie Tenside genannte Netzmittel ab, wie sie auch in Spülmitteln zur Fettlösung verwendet werden. Diese seifenähnlichen Substanzen erlauben ihnen den Kontakt mit den Öltröpfchen und deren Aufnahme, ohne dass ihre Zellmembranen zerstört werden. Abbauprodukte des Öls integrieren sie offenbar in ihre Zellmembran, wobei die Zellen deutlich anschwellen.

Ideonella sakaiensis

Ideons kleine Bakterie aus Sakai

FORM Stäbchen
LÄNGE 1,2 bis 1,5 Mikrometer
DURCHMESSER 0,6 bis 0,8 Mikrometer
FORTBEWEGUNG dank einer Geißel beweglich

Kunststoffmüll hat sich seit der industriellen Produktion und weiten Verbreitung von Polymeren wie Styropor, PVC, Nylon, Polypropylen, PET usw. zu einem enormen Umweltproblem entwickelt, denn fast alle dieser Stoffe sind biologisch nicht abbaubar.

Daher war es 2016 eine kleine Sensation, als japanische Forscher im Abfall einer PET-Recyclinganlage in der japanischen Hafenstadt Sakai eine Bakterie entdeckten, die zumindest einen dieser Kunststoffe, das Polyethylenterephthalat (PET), zerlegen kann.

PET wird für Getränkeflaschen und Verpackungen ebenso verwendet wie für Fasern und Textilien, Implantate und technische Gegenstände. Allein im Jahr 2016 wurden fünfzig Millionen Tonnen davon hergestellt. Bis eine PET-Flasche sich zersetzt, vergehen nach Schätzungen von Experten 450 Jahre.

Nachdem berichtet worden war, dass PET-Garn verschimmeln könne, gingen die Forscher gezielt auf die Suche nach Organismen, die PET verdauen können. Die Recyclinganlage bot sich an, weil dort ein großes Nahrungsangebot an PET unter freiem Himmel vorhanden war – ein Biotop, in dem PET-verdauende Arten am ehesten anzutreffen wären.

Die Mikrobiologen füllten 250 Untersuchungsgefäße mit einem Nährmedium, das als einzige Kohlenstoffquelle ein Stück PET-Folie enthielt, und fügten Proben aus Abfall, Abwasser und Boden der PET-Recyclinganlage hinzu. Tatsächlich wurden die Folien in mehreren der 250 Versuchsansätze angedaut. Auf diesen PET-Filmen fanden sich Lebensgemeinschaften aus Bakterien, Hefepilzen und eukaryontischen Einzellern. Aus einer dieser Kulturen konnten die Forscher dann ein Bakterium isolieren, das für sich allein in der Lage war, PET-Folien zu verdauen: Es wuchs rasch zu einer Kolonie heran, die das einige Quadratzentimeter große Stückchen innerhalb von sechs Wochen komplett zersetzte.

Ideons kleine Bakterie aus Sakai ist eng verwandt mit einem Bakterium, das Forscher des schwedischen Ideon Forschungszentrums 1994 im Belebtschlamm einer Kläranlage entdeckten und *Ideonella* nannten. Dieses Bakterium kann Chlorat verdauen, das in gechlortem Wasser entsteht. Sein Epitheton erhielt *I. sakaiensis* nach dem Fundort Sakai.

Das Bakterium besitzt gleich zwei Enzyme, mit denen es PET verdauen kann. Es heftet sich an die Plastikoberfläche und scheidet ein Enzym aus, das PET zu einem MHET genannten Zwischenprodukt zersetzt. Diese sogenannte PETase ist hoch spezialisiert und sie funktioniert bei Zimmertemperatur, wenn die molekulare Struktur von PET besonders dicht ist. MHET wird dann von den Bakterien aufgenommen und von einem zweiten Enzym, der MHETase, in Terephthalsäure und Ethylenglykol abgebaut, den Ausgangsstoffen der PET-Herstellung. Diese Chemikalien werden dann zur Energiegewinnung genutzt und zu Kohlendioxid und Wasser zerlegt – ein Stoffwechselweg, den auch andere Mikroorganismen beherrschen.

Bislang ist ungeklärt, wie sich das Enzym so rasch entwickeln konnte, denn PET gibt es erst seit etwas mehr als siebzig Jahren. Von anderen Enzymen, etwa einem, das das Herbizid Atrazin oder bestimmte Chemikalien der Nylonproduktion zerlegen kann – beides ebenfalls von Menschen neu geschaffene Stoffe –, ist bekannt, dass sie sich durch geringfügige Mutationen von bereits existierenden Enzymen unterscheiden. Enzyme, die der PETase und MHETase nahe verwandt sind, wurden jedoch bislang nicht gefunden.

Mithilfe von Gentechnik ist es bereits gelungen, die Effizienz der Enzyme zu steigern und sie so zu verändern, dass sie auch ein weiteres Zwischenprodukt des PET-Abbaus verarbeiten. Damit besteht die Möglichkeit, PET komplett zu recyceln und die entstandene Biomasse zu nutzen oder aber die Ausgangsstoffe der PET-Herstellung wiederzugewinnen.

Würden solche Bakterien allerdings in die Umwelt geraten und mit der Verdauung des PET-Mülls in den Meeren beginnen, käme das einer Düngung der Meere gleich – mit unbekannten ökologischen Folgen. Andererseits ist anzunehmen, dass der gleiche Selektionsprozess, der in der Recyclinganlage stattgefunden hat, über kurz oder lang auch in den riesigen Plastikinseln stattfinden wird, die Wind und Wellen auf den Weltmeeren zusammengetrieben haben. Möglicherweise gibt es im Meer schon längst Bakterien, die Mikroplastik verdauen.

Burkholderia pseudomallei

Walter H. Burkholders Pseudo-Rotz-Erreger

LÄNGE 2 bis 5 Mikrometer
DURCHMESSER 0,4 bis 0,8 Mikrometer
FORTBEWEGUNG kann sich mithilfe von Geißeln bewegen

Burkholderia pseudomallei ist ein Hungerkünstler. Besonders beeindruckend ist die Fähigkeit des Bakteriums, in destilliertem Wasser ohne jede Nahrung Jahrzehnte zu überleben.

Um entsprechenden Berichten auf den Grund zu gehen, gaben Wissenschaftler der Mahidol-Universität in Bangkok, Thailand, 1993 *B.-pseudomallei*-Bakterien in ein Gefäß, das nichts als destilliertes Wasser enthielt. Das versiegelte Gefäß wurde bei 25 Grad Celsius aufbewahrt. Einmal im Jahr entnahmen sie eine Probe und prüften nach, ob die Bakterien überlebt hatten. Das Ergebnis: Selbst nach sechzehn Jahren war noch eine beträchtliche Zahl der Bakterien vorhanden und teilungsfähig. Genetische Veränderungen der Bakterien lassen vermuten, dass während der Zeit sogar Zellteilungen stattgefunden haben.

Zugleich ist *B. pseudomallei* ein gefährlicher Krankheitserreger. Beide Eigenschaften – Robustheit und Killerpotenzial – machen das Bakterium als Biowaffe attraktiv. Solche Waffen sind schrecklich: lautlose Killer, die auch von Terroristen eingesetzt werden können und Menschen töten oder für Tage, Wochen und Monate handlungsunfähig machen können, ohne dass ein Schuss fällt oder eine Bombe abgeworfen wird. Je nach Ansteckungsfähigkeit und Inkubationszeit kann ein Krankheitserre-

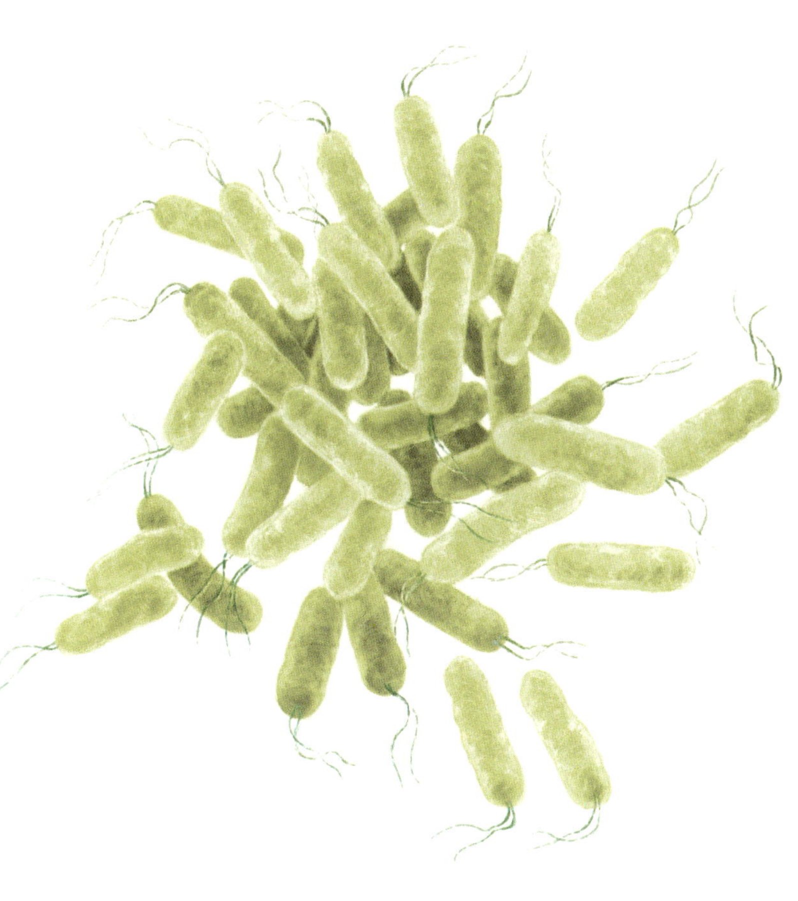

ger sich binnen weniger Tage über den Fernverkehr mit Zügen und Flugzeugen über ganze Kontinente ausbreiten, bevor überhaupt klar wird, dass eine Epidemie ausgebrochen ist. Andererseits ist genau das vermutlich der Grund, warum in neuerer Zeit kein Staat und keine Terrororganisation Biowaffen eingesetzt hat: Bakterien und Viren unterscheiden nicht zwischen Freund und Feind. Jede Epidemie würde über kurz oder lang auch das eigene Territorium und die eigenen Truppen erreichen. Das ist allerdings kein Schutz vor Verrückten und Biowaffen sind leicht zu beschaffen: Sie kommen in der Natur vor – so wie *B. pseudomallei*, das vermutlich an den Wurzeln verschiedener Pflanzen lebt, wo es sich von einzelligen Lebewesen wie Amöben zu ernähren scheint.

Infiziert es einen Menschen, verursacht es den Pseudo-Rotz (Melioidose), eine Erkrankung, die oft falsch diagnostiziert wird und tödlich verlaufen kann. Darauf verweist das Epitheton *pseudomallei*. Der Name *Burkholderia* erinnert an den amerikanischen Pflanzenpathologen Walter H. Burkholder, der die Rolle zahlreicher Bakterien bei Pflanzenkrankheiten und ihre Bedeutung für menschliche Erkrankungen aufdeckte.

Das Bakterium ist in vielen tropischen Gegenden der Welt natürlicherweise im Boden vorhanden. Ansteckungen kommen vor allem in Südostasien und Nordaustralien vor; es wurden aber auch Fälle in Mittelamerika, Afrika und Europa beobachtet. Schätzungen zufolge erkrankten im Jahr 2016 allein 165 000 Menschen, von denen die Hälfte starb.

Die Ansteckung geschieht über Kontakt mit bakterienhaltiger Erde oder Wasser und auch eine Infektion über das Einatmen von Bakterien ist möglich. Es kann dabei zu chronischen Hautinfektionen und Abszessen, Lungenentzündungen oder einer lebensbedrohlichen Sepsis kommen, bei der der ganze Körper betroffen ist. Deswegen gilt das Bakterium als potenzielle biologische Waffe: Es ist äußerst widerstandsfähig, kann über Sprühnebel freigesetzt werden und löst eine Krankheit aus, die leicht zu übertragen, nur schwer zu diagnostizieren und selbst mit Antibiotika kaum zu behandeln ist.

Tersicoccus phoenicis

Die Sauberbeere aus der Phoenix-Sonde

FORM nahezu rund
DURCHMESSER 1 Mikrometer
FORTBEWEGUNG unbeweglich
BESONDERE KENNZEICHEN lebt strikt aerob und bildet keine Sporen

Ob es auf anderen Himmelskörpern Leben oder zumindest Spuren von früher vorhandenen Lebewesen gibt, ist ungeklärt. Daher ist es von größter Wichtigkeit, dafür zu sorgen, dass irdische Raumfahrzeuge, die auf Asteroiden, Monden oder fremden Planeten landen oder dort einschlagen sollen, vollkommen steril sind. Würden sie Organismen von der Erde einschleppen, könnte das nicht nur die Suchergebnisse verfälschen, sondern für den betroffenen Himmelskörper weitreichende ökologische Konsequenzen haben. Raumfahrzeuge werden daher in zertifizierten und ständig überwachten Hochreinräumen gefertigt und zusammengebaut. Zudem werden alle Bauteile und Komponenten ebenso wie alle Oberflächen der Räume regelmäßig mit UV-Strahlung und verschiedenen Chemikalien desinfiziert.

Dennoch fanden Forscher unabhängig voneinander in zwei fast 4 000 Kilometer auseinanderliegenden Reinräumen Bakterien: 2007 auf dem Boden eines Reinraums im Kennedy Space Center in Florida, wo die Marssonde Phoenix gebaut wurde, und 2009 in einem Reinraum in Französisch-Guyana, wo man das Herschel-Weltraumteleskop zusammensetzte. In beiden Fällen handelte es sich um das Bakterium *Tersicoccus phoenicis*,

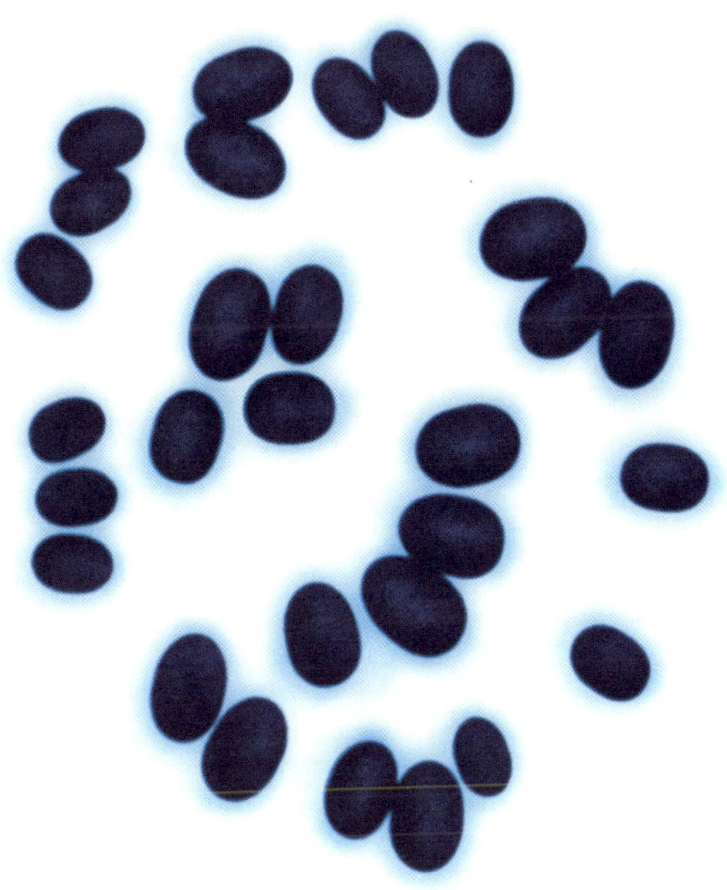

das den Desinfektionsmethoden, der Trockenheit und vor allem der Nahrungsarmut in den Räumen trotzen konnte. Mikrobiologen sind sicher, dass es auch in der freien Natur vorkommt, doch bislang wurde *T. phoenicis* noch nirgendwo anders auf der Welt aufgespürt.

Da es weniger als 95 Prozent seiner genetischen Informationen mit seinen am engsten verwandten bekannten Bakterien gemeinsam hat, wurde es nicht nur als neue Art, sondern sogar als neue Gattung klassifiziert. 2016 wurde ein weiteres Mitglied der neuen Gattung entdeckt: *Tersicoccus solisilvae*, das – wie sein Epitheton beschreibt – im Waldboden vorkommt. Gefunden wurde es von indischen Wissenschaftlern, die die mikrobielle Biodiversität der Westghats, einem Gebirgszug an der indischen Westküste, studierten. Das Gebiet ist die artenreichste Region Indiens.

Tersicoccus – Sauberbeere – wurde es wegen seines Vorkommens in Reinräumen (lat. *tersus* bedeutet rein) und seiner Form (*coccus* bedeutet die große Beere) getauft; sein Epitheton *phoenicis* erhielt es, weil es am Produktionsort jener Phoenix-Raumsonde gefunden wurde, die im Mai 2008 in der nördlichen Polarregion des Mars landete.

Mittlerweile haben Forscher aus Reinräumen und Raumfahrzeugen neben *T. phoenicis* neun weitere Bakterienarten identifiziert, darunter allein vier enge Verwandte des extrem widerstandsfähigen Bakteriums *Paenibacillus xerothermodurans* → S. 94. Mehrere Hundert weitere sind isoliert und in Bakteriensammlungen hinterlegt, aber noch nicht näher klassifiziert.

Das Mars Science Laboratory – eine NASA-Mission, die im November 2011 startete und im August 2018 das Fahrzeug Curiosity Rover auf den Mars brachte – dürfte Schätzungen der

NASA zufolge etwa 30 000 Sporen von hitzeresistenten Bakterien an Bord gehabt haben, die die Hitzesterilisierung der Bauteile überlebt hatten.

Auch der Curiosity Rover selbst – ein 900 Kilogramm schweres Fahrzeug von der Größe eines kompakten Kleinwagens – war nicht frei von Bakterien. Eine Nachuntersuchung der Desinfektionstücher, mit denen die Oberfläche vor dem Start abgewischt worden war, ergab, dass sich dort neben Pilzsporen auch Bakterien aus der Abteilung der Actinobacteria, der Klasse der Alphaproteobacteria und der Familie der Nitrososphaeraceae befanden – allesamt Arten, die in irdischen Böden und Gewässern vorkommen.

Die Funde zeigen, dass die Versuche, Raumsonden von allen Mikroorganismen zu befreien und steril auf andere Himmelskörper zu schicken, vermutlich fruchtlos sind. So ist *T. phoenicis* vielleicht das erste Lebewesen von der Erde, das den Mars erreicht hat.

Ob sich die irdischen Bakterien, die mit den Raumsonden und Fahrzeugen den Mars erreicht haben, unter den dortigen Bedingungen vermehren können, bleibt offen. Experimente mit dem häufig vorkommenden Bodenbakterium *Bacillus subtilis* ergaben, dass die im Marsboden häufig vorkommenden Perchlorate sowie die ebenfalls vorhandenen Stoffe Eisenoxid und Wasserstoffperoxid eine tödliche Kombination eingehen. Kommt UV-Licht hinzu, das auf dem Mars durch die Sonneneinstrahlung nahezu ungehindert den Boden erreicht, potenziert sich die Wirkung. Die Bakterien starben innerhalb von einer Minute. Andererseits zeigen Simulationen, dass es Bakterien gelingen könnte, in den Poren von Marsgestein zu überleben.

Pseudomonas aeruginosa

Das monasähnliche, grünspanfarbene Bakterium

FORM Stäbchen
LÄNGE 2 bis 4 Mikrometer
OBERFLÄCHE mit Haftfasern bedeckt
FORTBEWEGUNG bewegt sich mit einem Büschel von Geißeln, die an einem Ende angeordnet sind

Die Hartnäckigkeit mancher Bakterien kann für den Menschen äußerst bedrohlich werden. Dass sie gegen Antibiotika resistent werden können, ist bekannt. Relativ neu ist die Erkenntnis, dass es Organismen wie *Pseudomonas aeruginosa* gibt, die auch gegen Desinfektionsmittel resistent geworden sind – eine sich anbahnende Katastrophe für die Medizin, falls nicht schnell Gegenstrategien entwickelt werden.

P. aeruginosa liebt es nass und modrig. In der freien Natur kommt es in Sumpfgebieten und feuchten Böden vor, aber es besiedelt auch menschengemachte Feuchtbiotope: Badezimmer und andere Nassräume, Wasch- und Spülmaschinen, Dialyse- und Beatmungsgeräte, Katheter usw., wo es in Schläuchen und auf den Oberflächen von Toiletten, Waschbecken, Badewannen und Dichtungen hartnäckige und kaum zu entfernende Biofilme bildet.

Von dort findet es seinen Weg auf und in den menschlichen Körper und so ist es die Ursache von zum Teil lebensbedrohlichen Infektionen in Krankenhäusern. Es kann rote Blutkörperchen auflösen und scheidet Gifte aus. Opfer werden vor allem Menschen mit geschwächtem Immunsystem. Auf die Folge die-

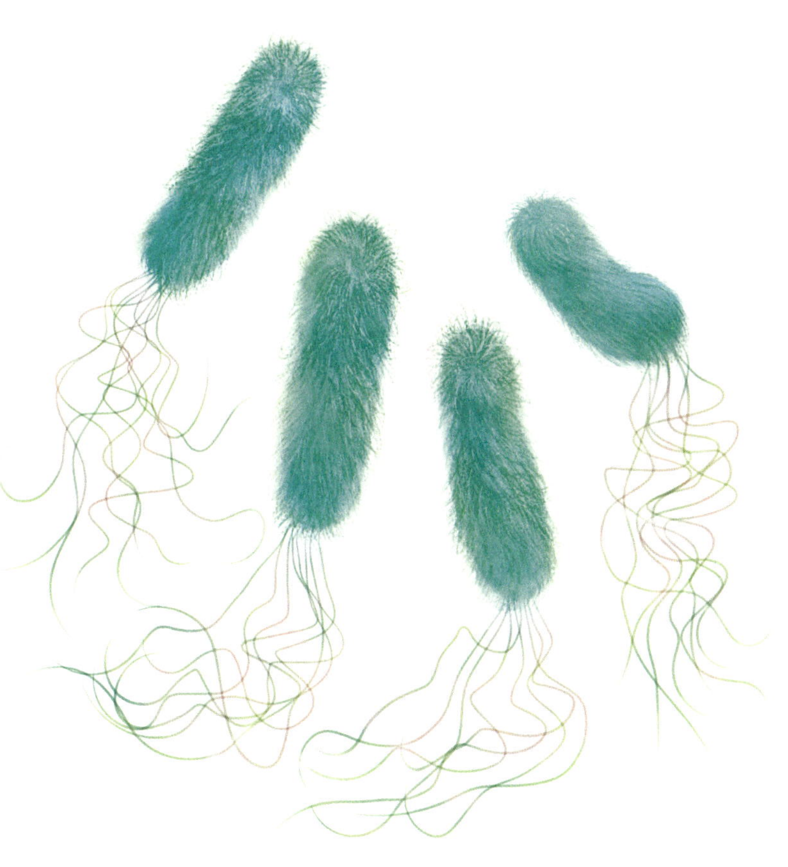

ser Infektionen – betroffen sind oft Wunden, Lunge, Harnwege und Blutstrom, aber auch Gehörgänge, die weiblichen Fortpflanzungsorgane, Darm oder Gehirn – verweist auch sein Epitheton *aeruginosa* (lat. *aerugo* ist der Grünspan): blaugrün ist die Farbe des Eiters der Infektionen, die es hervorruft. Warum die Gattung 1894 *Pseudomonas* benannt wurde, liegt im Dunkeln. Vermutlich hat der Namensgeber, der polnisch-deutsche Botaniker Walter Migula, damit zum Ausdruck bringen wollen, dass diese Bakterien in ihrer Form bestimmten Geißeltierchen ähneln, die damals noch summarisch als *Monas* bezeichnet wurden.

Die Überlebensfähigkeit dieses Bakteriums ist beeindruckend. Es ist nicht nur an der Bildung von Bioschlamm in Dieseltanks, der sogenannten Dieselpest, beteiligt, sondern kann – sofern kleinste Spuren von organischen Substanzen vorhanden sind – sogar in destilliertem Wasser und eben auch in einigen Desinfektionsmitteln wachsen.

Seine Bekämpfung ist aus mehreren Gründen schwierig. An Oberflächen haftet es mit Pili genannten Haftfasern und die äußere Zellmembran ist mit einem Alginat bedeckt, das eine Schutzkapsel bildet. Pili und Schutzkapsel erschweren den Transport aus dem Körper, zum Beispiel über die Lunge, ebenso wie Angriffe durch Antikörper und weiße Blutkörperchen. Zudem bildet es Biofilme, die das Eindringen von Antibiotika ebenso erschweren wie das von Desinfektionsmitteln. Studien zeigen, dass es gegen sieben übliche Desinfektionsmittel im Schnitt dreihundertmal widerstandsfähiger ist, wenn es sich auf Oberflächen statt in Flüssigkeiten befindet. Schlimmer noch – eine neue Untersuchung zeigt, dass *P. aeruginosa* den Einsatz von Desinfektionsmitteln nicht nur überlebt, sondern anschließend Resistenz gegen Antibiotika zeigt, gegen die es vor der Anwendung des Mittels empfindlich war. Zudem produziert das Bakterium bestimmte Signalmoleküle, die in anderen Bakterien Gene aktivieren. Diese Warnung kann die Bildung von Biofilmen oder die Produktion von Schutzstoffen gegen Immunzellen einleiten.

An diesem Beispiel wird klar, dass mittlerweile die Krankenhäuser selbst neue Erregertypen erzeugen. Heute sterben Patienten oft nicht mehr an Infektionen, die sie außerhalb des Krankenhauses erworben hatten, sondern an ›Krankenhauskeimen‹, also Erregern, die ebendort ihre Virulenz und Widerstandsfähigkeit gegen Antibiotika erlangt haben. Die Medizin wird sich darauf einstellen müssen, dass diese Entwicklung sich in den kommenden Jahren beschleunigt und globale Folgen haben wird.

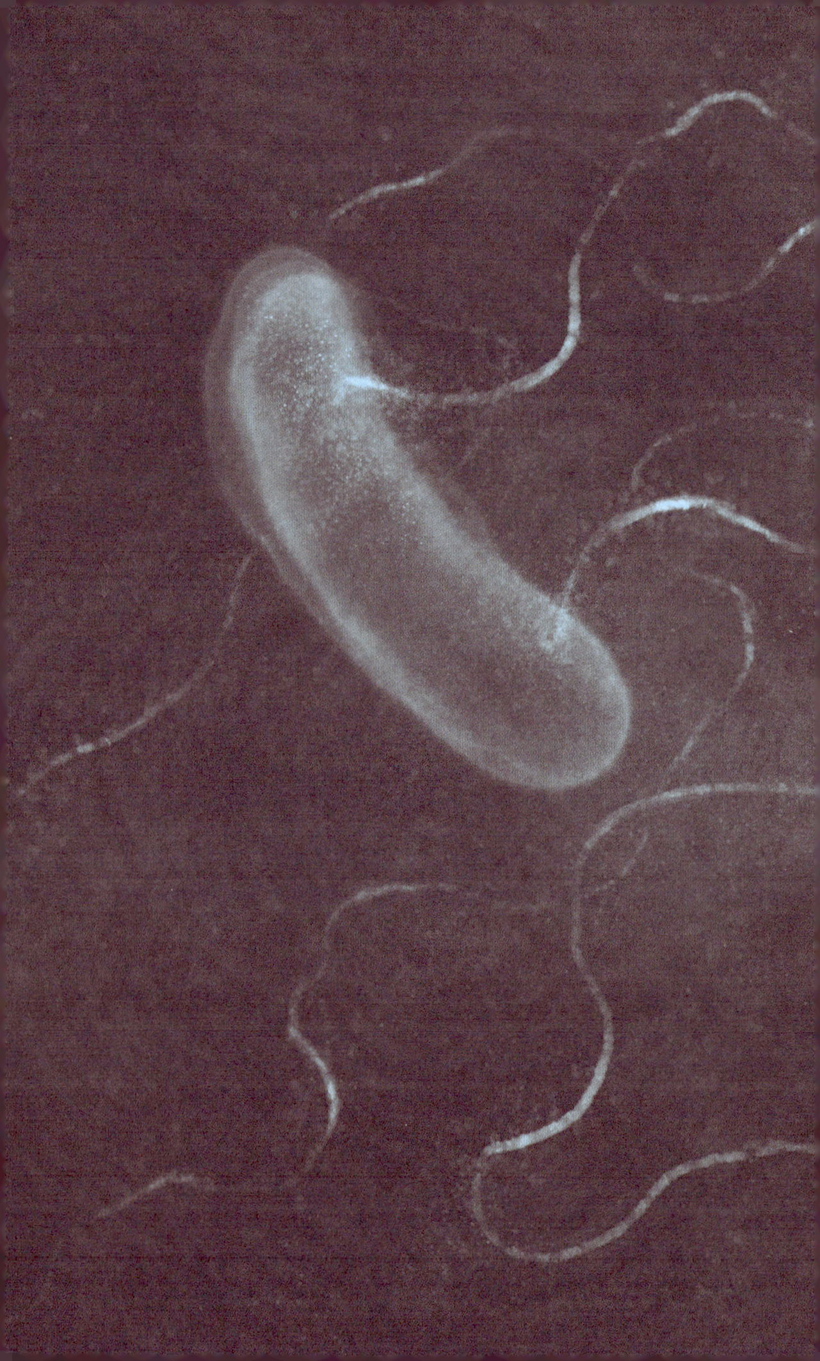

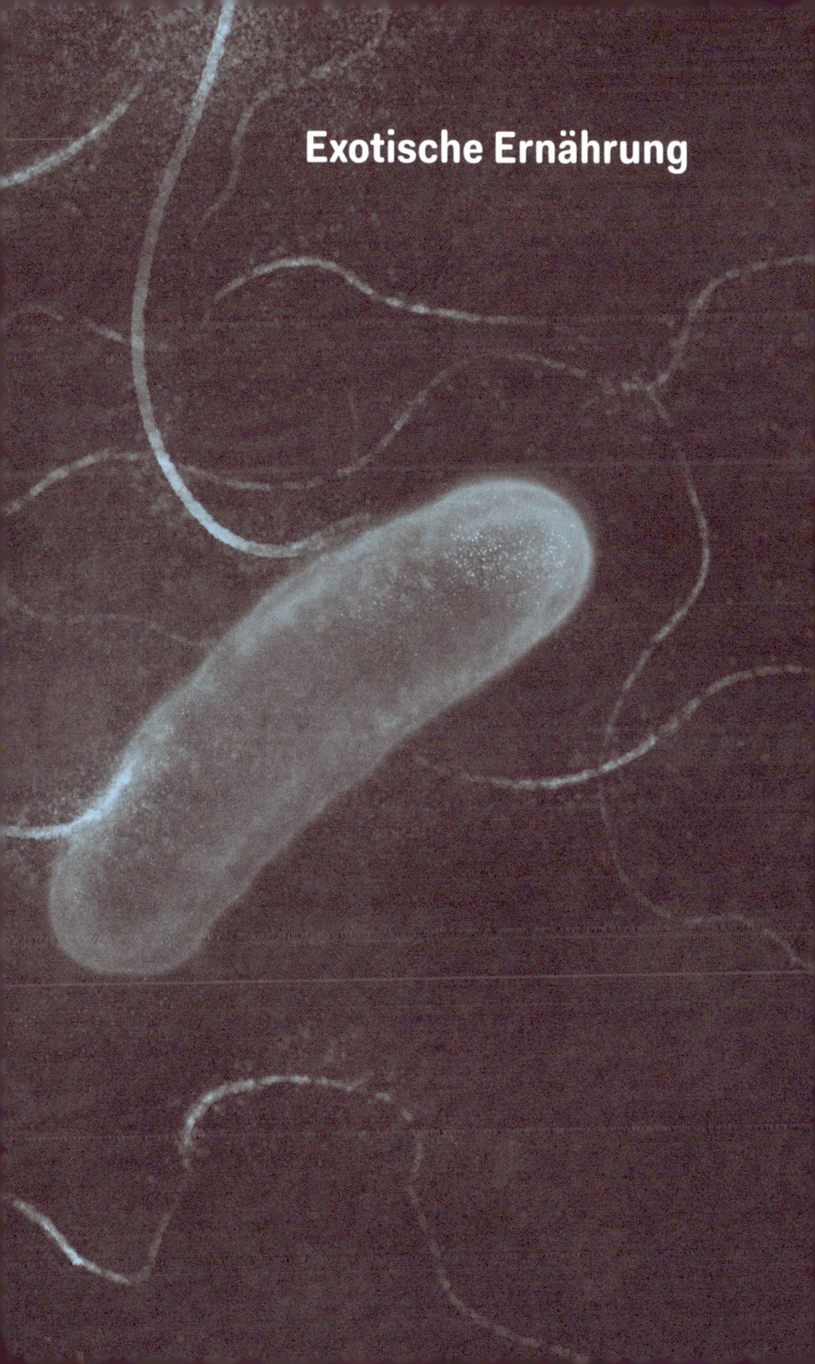

Exotische Ernährung

Shewanella oneidensis

James Shewans Bakterium aus dem Oneidasee

MORPHOLOGIE äußerst flexibel
Bei Zimmertemperatur: Stäbchen mit einer Länge von 1,2 bis 9,6 Mikrometer und einem Durchmesser von 0,4 bis 0,9 Mikrometer
Bei Temperaturen knapp über dem Gefrierpunkt: Fäden mit einer Länge von bis zu 16 Mikrometer und einem Durchmesser von etwa 0,5 Mikrometer
FORTBEWEGUNG polar angeordnete Geißel

Alles Leben beruht auf dem Fluss von Elektronen. Menschen und Tiere gewinnen Elektronen aus der Nahrung, nutzen sie zum Aufbau von komplexen Substanzen und übertragen sie schließlich auf andere Moleküle, etwa den Sauerstoff aus der Luft. Bei dieser Oxidation genannten Abgabe entsteht Kohlendioxid, das ausgeatmet wird.

Am einfachsten für die Gewinnung und Übertragung von Elektronen sind lösliche Nährstoffe oder Gase, weil sie leicht in Zellen eindringen. Doch Nährstoffe und Sauerstoff sind in zahlreichen Lebensräumen auf der Erde knapp. Trotzdem existieren in solchen Biotopen Bakterien und Archaebakterien. Sie gewinnen aus anderen Stoffen Elektronen und übertragen diese auf Schwefel- oder Stickstoffverbindungen, Kohlendioxid oder Metallsalze. Sie sind also exotisch anmutende ›Atmer‹ von Schwefel, Nitrat oder Arsenverbindungen.

Ein Beispiel für einen solchen Mikroorganismus ist *Shewanella oneidensis*, ein weitverbreitetes Bodenbakterium. Sein Stoffwechsel ist nicht besonders ungewöhnlich, solange Sauer-

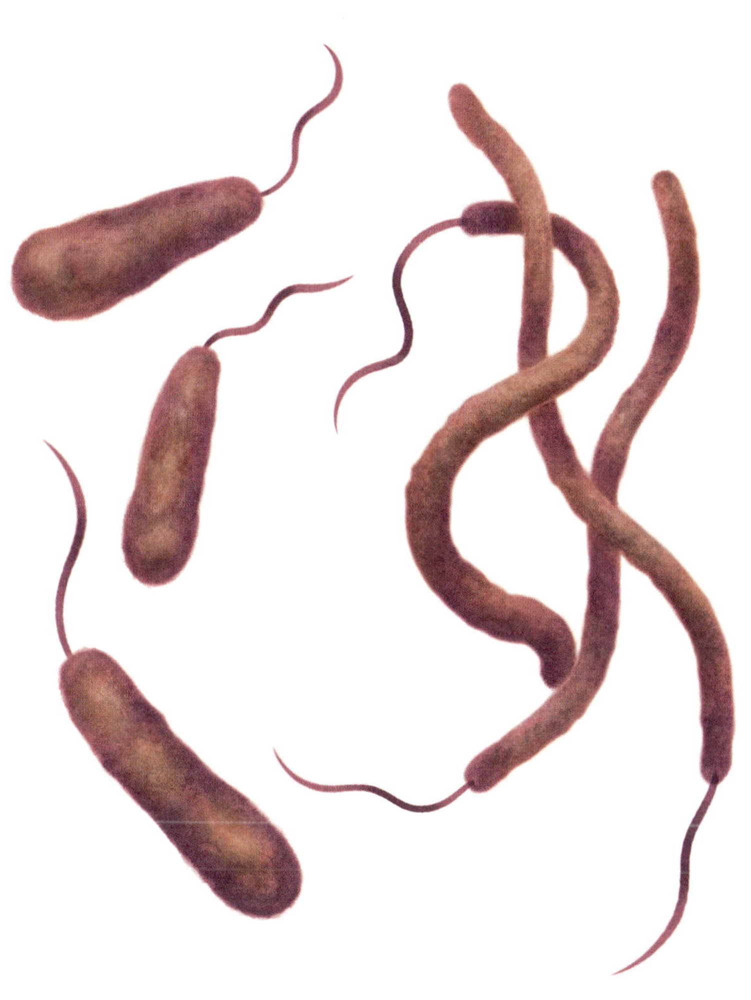

stoff vorhanden ist. Fehlt er, kann *S. oneidensis* Elektronen direkt auf Metallverbindungen übertragen. Es gehört zur gleichen Gattung wie *Shewanella benthica* → S. 106, sein Epitheton verweist auf den Oneidasee im US-Bundesstaat New York, in dem es 1988 entdeckt wurde.

S. oneidensis kann Verbindungen zehn verschiedener Metalle reduzieren: Eisen, Mangan, Palladium, Silber, Technetium und Vanadium, aber auch hochgiftige wie Blei, Chrom, Quecksilber und Uran. Dafür sorgen bestimmte Farbstoffe (*Cytochrome*) in der Außenwand der Bakterien, die die Elektronen aus dem Zellinnern an die Metallsalze abgeben. Die Metallverbindungen kann das Bakterium im Boden aufspüren und gezielt ansteuern. Der Kontakt wird über Filamente hergestellt. Diese sehr dünnen Fortsätze haben einen Durchmesser von 50 bis 150 Nanometern, können aber einige Dutzend Mikrometer lang sein. Das entspricht etwa dem Hundertfachen der Länge ihrer Zellen. Metallhaltige Mineralien kann *S. oneidensis* nach und nach mit Biofilmen überziehen, in denen Abertausende von Bakterien wachsen. Es gibt allerdings Verbindungen, die es nicht verträgt. Dazu zählen Lithium-Nickel-Mangan-Kobalt-Oxide, die in modernen Batterien für Smartphones, Pedelecs und E-Autos verwendet werden.

Seine Fähigkeit, elementares Silber, Quecksilber, Uran usw. zu bilden, macht es für die Aufbereitung von Böden und Abwässern interessant, die mit Metallsalzen verseucht sind. Es ist aber auch zur Herstellung von metallischen Nanopartikeln geeignet. Erste Arbeiten haben gezeigt, dass sich die Größe der Partikel durch eine gentechnische Beeinflussung der Oberflächenstruktur des Bakteriums verändern lässt. Solche Partikel können etwa für die Behandlung von Hirntumoren nützlich sein.

Forscher nutzten die Fähigkeit des Bakteriums, Elektronen an eine metallische Oberfläche zu übertragen, auch schon zur Herstellung von Brennstoffzellen, zur Gewinnung von Energie oder Wasserstoff aus Abwässern und zur Konstruktion einer einfachen, kostengünstigen Bio-Batterie. Sie besteht aus faltbarem Papier mit unterschiedlich beschichteten Flächen – eine ist mit Silbernitrat überzogen, eine zweite mit einem leitfähigen Kunststoff, eine dritte enthält gefriergetrocknete *S.-oneidensis*-Bakterien. Aktiviert wird sie durch menschlichen Speichel. Er enthält genügend Wasser und Nährstoffe, um die Bakterien aufzuwecken und zu aktivieren. Die drei Felder werden anschließend wie ein Origamiobjekt in- und übereinander gefaltet, sodass die Bakterienschicht zwischen der Silbernitrat-Kathode und der Anode liegt. Die Bakterien übertragen dann die aus dem Speichel gewonnenen Elektronen auf das Silbernitrat und die Batterie liefert Strom. Damit lässt sich kein Smartphone laden, aber die Energie reicht aus, um einfache medizinische Schnelltests mit Strom zu versorgen, etwa in Katastrophengebieten.

Doch die Fähigkeiten des Bakteriums reichen noch weiter. *S. oneidensis* kann lange, ungesättigte Kohlenwasserstoffe herstellen, die es vermutlich als eine Art Frostschutzmittel nutzt, um seine Zellmembran bei Temperaturen unter dem Gefrierpunkt beweglich zu halten. Kombiniert man *S. oneidensis* mit Bakterien, die zur Fotosynthese fähig sind und aus dem Kohlendioxid der Luft Zucker herstellen, kann man Reaktoren konstruieren, in denen die beiden Bakterien aus Kohlendioxid Treibstoff herstellen.

Candidatus Eremiobacter / Candidatus Dormibacter

Die Schläfer aus der Wüste

FORM Stäbchen
LÄNGE unbekannt
DICKE unbekannt
FORTBEWEGUNG unbekannt

Die kalte und trockene Antarktis zählt zu den lebensfeindlichsten Orten auf unserem Planeten – dennoch gibt es dort Lebewesen: in Felsgestein, wie etwa *Constrictibacter antarcticus* → S. 120, ebenso wie im Boden. Doch woher beziehen sie die Energie für ihren Stoffwechsel?

Fast alle Lebensgemeinschaften beruhen auf sogenannten Primärproduzenten. Zumeist sind das Pflanzen, die mithilfe der Fotosynthese komplexe organische Verbindungen herstellen und anderen Lebewesen als Nahrung dienen. Es gibt nur wenige Lebensgemeinschaften, bei denen die Primärproduzenten ihre Energie nicht mithilfe von Sonnenlicht gewinnen. Dazu gehören etwa die Mikroorganismen, Würmer und Schnecken rund um die Schwarzen und Weißen Raucher in der Tiefsee. Hier beziehen die Primärproduzenten ihre Energie aus chemischen Prozessen – wie etwa *Methanopyrus kandleri* → S. 90. Weitab von den Rauchern beruht das Leben auch am Grund der lichtlosen Tiefsee auf sonnenlichtabhängigen Primärproduzenten, denn es rieseln beständig Überreste von abgestorbenen Lebewesen aus den höheren, sonnenlichtdurchfluteten Regionen nach unten.

[Fundort Antarktis / Robinson Ridge]

Vor einigen Jahren fragten sich Forscher, woher eigentlich die Primärproduzenten der Antarktis ihre Energie beziehen – schließlich ist es dort die Hälfte des Jahres stockfinster und auch in der anderen Jahreshälfte steht die Sonne viele Wochen nur knapp über dem Horizont. Zudem gibt es kein flüssiges Wasser und in den sogenannten arktischen Trockentälern ist die Luftfeuchtigkeit so gering, dass sich weder Schnee noch Eis ansammeln können.

Wissenschaftler entnahmen daher auf Robinson Ridge, einer felsigen Halbinsel an der Küste der Ostantarktis, Proben aus der Bodenoberfläche und untersuchten die Bakterien, die dort lebten. Statt zu versuchen, sie anzuzüchten, nutzten sie die moderne Methode der ›Schrotschusssequenzierung‹. Dabei wird das Genmaterial isoliert, vervielfacht und nach dem Zufallsprinzip in Fragmente zerlegt, also sozusagen mit einer Schrotflinte beschossen. Die Gensequenz der Fragmente wird bestimmt, mittels Bioinformatik auf Überlappungen untersucht und schließlich zu einer Komplettsequenz mit möglichst wenigen Lücken zusammengesetzt. Aus dem Wort Schrotschusssequenzierung würden bei dieser Methode Fragmente wie etwa schrots, rotschus, schussequ, ssequen, quenzie und ierung. Für moderne Computer mit entsprechender Rechenleistung ist diese Operation ein Kinderspiel.

Nach diesem Prinzip konnten die Forscher Genome von 23 Mikroben zusammensetzen. Die beiden häufigsten und noch nicht näher beschriebenen Bakterien wiesen dabei eine Eigenschaft auf, die bislang noch nie beobachtet wurde: Sie nutzen Spurengase aus der Atmosphäre, um aus Kohlendioxid und Wasser Kohlenhydrate herzustellen. Zwar produzieren auch Algen und Pflanzen Kohlenhydrate aus Kohlendioxid und Wasser, aber sie benötigen dafür Sonnenlicht, das über die Fotosynthese die notwendige Energie liefert. Auch gibt es Bakterien wie *Clostridium autoethanogenum* → S. 228, die aus Wasserstoff und Kohlenstoffgasen Essigsäure oder Alkohol herstellen können, wenn diese Gase in hoher Konzentration vorhanden sind. Doch hier ist es anders. Die Antarktis-Mikroben scheinen Spurengase nutzen zu können, deren Anteil an der Luft nur 0,000055 Volumenprozent (Wasserstoff) beziehungsweise 0,000025 Prozent oder weniger (Kohlenmonoxid) beträgt, um daraus Energie zu gewinnen, die sie zur Herstellung von Zuckermolekülen benötigen. Die Kohlenstoffquelle dafür ist wiederum ein anderes Spurengas: das Kohlendioxid, dessen prozentualer Anteil an der Erdatmosphäre 0,041 Volumenprozent beträgt. Die Fotosynthese beherrschen die Bakterien nicht.

Die Forscher konnten zeigen, dass dieser Prozess auch im Labor abläuft und die Bakterien auch an einem anderen Ort in der Antarktis, der Adams-Ebene, vorkommen. Zudem reicht die Energie aus, um die Organismen auch im arktischen Winter am Leben zu erhalten. Möglich ist, dass Spurengase auch in anderen Ökosystemen, die arm an organischem Kohlenstoff und an Wasser sind, von Bakterien genutzt werden können, um Energie zu erzeugen.

Da die Bakterien bislang noch nicht kultiviert wurden, gibt es keine genaue Beschreibung. Klar ist nur, dass es sich um zwei voneinander deutlich zu unterscheidende Gattungen handelt, für die die Wissenschaftler die Namen *Candidatus Eremiobacter* und *Candidatus Dormibacter* vorgeschlagen haben. Die Vorsilbe *Eremio-* verweist auf die Wüste, in der die Organismen leben, und *Dormi-* auf den Schlaf, in den sie immer wieder fallen, wenn es für das Wachstum zu kalt ist.

Geobacter sulfurreducens

Das schwefelreduzierende Erdbakterium

FORM Stäbchen
LÄNGE 2 bis 3 Mikrometer
DICKE 0,5 Mikrometer
FORTBEWEGUNG unbeweglich
BESONDERE KENNZEICHEN bildet keine Sporen

Der Mensch kann Eisen biegen, schmelzen, schmieden und legieren – aber das Bakterium *Geobacter sulfurreducens* kann Eisen atmen. Das schwefelreduzierende Erdbakterium lebt im Boden oder in schlammigen Sedimenten und zersetzt organisches Material unter Luftabschluss. Dennoch wird die Nahrung nicht vergoren, wie es andere Organismen tun, wenn kein Sauerstoff zur Verfügung steht. *G. sulfurreducens* atmet, indem es die Elektronen aus seiner Nahrung auf das Rost genannte Eisen(III)-oxid überträgt, das sich in seiner Umgebung befindet. Statt das Eisenoxid aufzunehmen – die Rostpartikel sind meist etwa halb so groß wie das Bakterium –, stellt der ›Eisenatmer‹ den Kontakt über die Pili her, mit denen er die Elektronen überträgt wie mit einem Kabel.

Diese Pili, haarartige Strukturen auf der Außenseite des Bakteriums, sind aus einem Eiweißmolekül aufgebaut. Bei *G. sulfurreducens* werden sie besonders lang – sie können bis zu zwanzigmal länger sein als das Bakterium selbst.

Als der US-Mikrobiologe Derek Lovley 2005 erstmals den Verdacht äußerte, das Bakterium könne über seine Pili Elektronen leiten wie ein Metalldraht, glaubte ihm keiner.

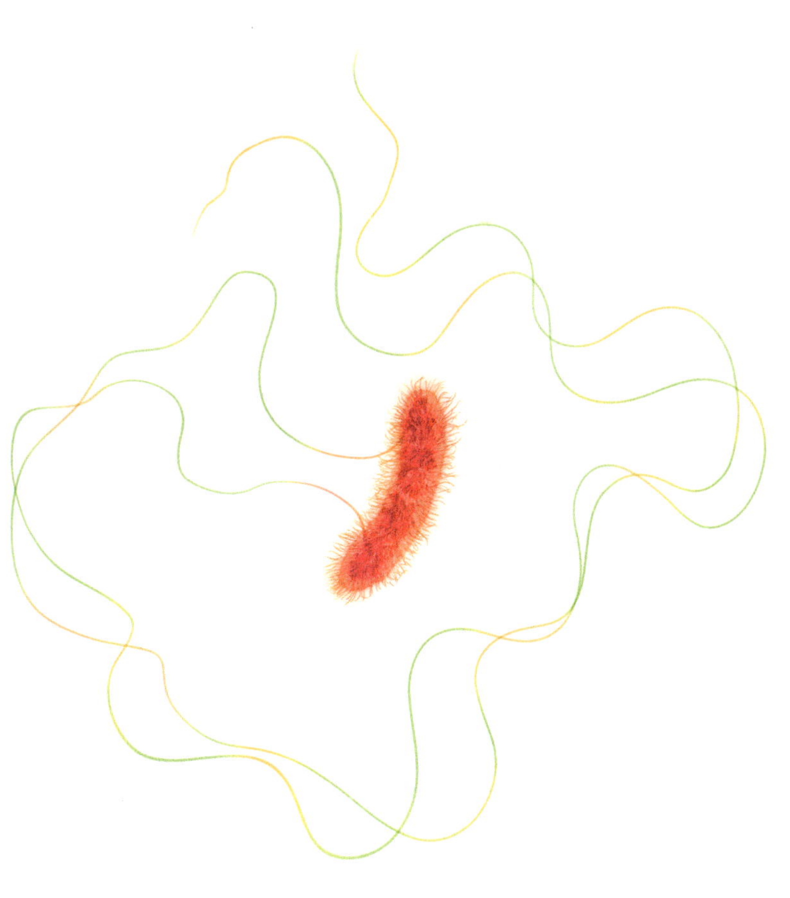

In der Biologie werden Elektronen nämlich in der Regel dadurch weitergeleitet, dass sie von einem Molekül zum nächsten springen. Bei Metallen ist das anders. Dort sind Elektronen nicht an einzelne Moleküle gebunden, sondern sie fließen frei wie Wasser in einem Fluss und ihre Leitfähigkeit ist deutlich größer. So erschien es den meisten Biologen schlicht nicht vorstellbar, dass einfach aufgebaute Eiweißmoleküle wie Pili leitfähig wie Metalle sein sollten.

Doch Lovley sah Ähnlichkeiten zu synthetischen, metallorganischen Leitern, die die moderne Materialforschung entwickelt hat. Dort werden aromatische, also ringförmige, Moleküle aus Kohlenstoffverbindungen genutzt, in denen die Elektronen ähnlich frei fließen wie in Metallen.

Den Beweis erbrachten Lovley und sein Team 2013 mittels Gentechnik. Sie änderten das für die Pili verantwortliche Gen, sodass statt aromatischer Aminosäuren normale eingebaut wurden. An der Form der Pili änderte das nichts, aber ohne die ringförmigen aromatischen Bestandteile konnten sie keine Elektronen mehr weiterleiten. Darüber hinaus zeigten die Forscher in einer Serie von Experimenten, dass sie durch weitere gentechnische Eingriffe die Leitfähigkeit der Pili verringern oder verstärken konnten und dass diese Änderungen wesentlich von bestimmten Aminosäuren abhingen.

Die leitfähigen Pili lassen sich inzwischen gezielt herstellen und sind damit Bausteine für eine Nanoelektronik auf Bakterienbasis. Experimente weiterer Arbeitsgruppen haben überdies gezeigt, dass sich die Elektronen auch auf andere Bakterien übertragen lassen, vor allem solche, die Magnetit einlagern, etwa *Magnetospirillum magnetotacticum* → S. 128. Dort werden sie wie in einer Batterie gespeichert und können später wieder abgerufen werden. Auch eine mikrobielle Brennstoffzelle erscheint denkbar. Der produzierte Strom ist zwar gering, könnte aber ausreichen, um Sensoren damit zu versorgen, die Umweltvorgänge im Boden oder auf dem Grund von Gewässern überwachen sollen. Da *G. sulfurreducens* auch Benzol und andere aromatische Kohlenwasserstoffe abbauen kann, eignet sich das Bakterium auch zur Reinigung von mit Öl oder Produktionsrückständen verseuchten Böden.

Ralstonia syzygii

Ericka Ralstons Gewürznelkenbakterium

FORM gerades Stäbchen mit gerundeten Enden
LÄNGE 1 bis 2,5 Mikrometer
BREITE 0,5 bis 0,6 Mikrometer
AUFTRETEN einzeln, als Paar und gelegentlich in kurzen Ketten
BESONDERE KENNZEICHEN bildet keine Sporen

Staub, Haare, Pollenkörner und andere Partikel sind der Feind der Halbleiterproduktion. Sie führen zu Verunreinigungen von Wafern und Schaltkreisen und mindern die Ausbeute – ein Problem, das umso größer wird, je kleiner die Strukturen der integrierten Schaltkreise werden.

Produziert werden sie daher in Reinräumen, in denen Luft und Wasser gefiltert werden und das Personal Schutzkleidung trägt. Wasser ist ein wichtiger Rohstoff bei der Herstellung von Halbleitern. Es wird eingesetzt, um die Oberfläche der Wafer bei der Produktion der Schaltkreise nach jedem Arbeitsschritt gründlich von Verunreinigungen zu befreien. Insgesamt sind das mehrere Dutzend Spülvorgänge, und eine übliche Fabrik, die etwa 40 000 Wafer pro Monat herstellt, benötigt circa achtzehn Millionen Liter Wasser pro Tag, wovon der Löwenanteil zunächst zu ultrareinem Wasser verarbeitet wird. Dieser Tagesbedarf entspricht dem jährlichen Wasserverbrauch einer Kleinstadt mit 60 000 Einwohnern.

Doch die Tanks, Leitungen, Pumpen, Filter und Spritzdüsen für das ultrareine Wasser enthalten Bakterien, wie Forscher im

RALSTONIA SYZYGII
[und Siliziumkristall]

Jahr 2000 herausfanden, als sie die Verunreinigungen zu minimieren versuchten und feststellen mussten, dass Bakterien in den Produktionsstraßen leben. Sie identifizierten das Bodenbakterium *Ralstonia syzygii* (früher: *Pseudomonas syzygii,* oft fälschlich als *R. syzgii* bezeichnet), das offenbar alle Filterungs- und Desinfektionsprozesse übersteht: UV-Flutlicht ebenso wie die Verdrängung von Sauerstoff, Kohlendioxid usw. durch reinen Stickstoff. Das allein ist nicht ungewöhnlich, denn es sind weitere Bakterien bekannt, die in hochreinem Wasser überleben können, etwa *Burkholderia pseudomallei* → S. 164.

Überraschend ist, dass das Bakterium sich in die Wafer einbaut. Es oxidiert das Germanium des Wafers zu Germaniumoxid und produziert dabei Wasserstoff. Dank seiner Affinität zum Wafermaterial kann es an der Oberfläche haften und ebenso abgetragenes Material aus der Spüllösung binden. Damit bildet es eine Schutzschicht, sodass es weitere Reinigungsschritte mit aggressiven Chemikalien übersteht. Vor allem aber wird es zu einer Fehlstelle, an die sich winzige Siliziumkristalle anlagern, sodass der Schaden größer wird.

Die nächste Überraschung: *R. syzygii* kann sich in den Halbleitern teilen. Offenbar kann es Netzmittel, Alkohole und andere Chemikalien, die bei der Waferproduktion eingesetzt werden und in Spuren vorhanden sind, als Nahrung nutzen und dabei Elektronen direkt auf das Halbleitermaterial übertragen. Es verhält sich also wie ein Transistor.

Könnte man in die Halbleiter ein Bakterium einbauen, das lichtempfindlich ist – oder *R. syzygii* entsprechend verändern –, ließe sich der Elektronenfluss mittels Belichtung verstärken oder abschwächen. Das könnte zur Entwicklung von Biotransistoren auf Bakterienbasis führen.

R. syzygii wird aber noch aus einem vollkommen anderen Grund studiert. In Asien, wo die Gewürznelke angebaut wird, verursacht es die Sumatra-Krankheit des Gewürznelkenbaums. Das Bakterium vermehrt sich im holzigen Teil des Gefäßsystems der Pflanze, das vor allem dem Wassertransport dient. Nach und nach sterben Blätter und Zweige ab, bis die Pflanze schließlich wie verbrannt aussieht und eingeht. Übertragen wird *R. syzygii* von Insekten.

Benannt ist *Ralstonia syzygii* nach der amerikanischen Mikrobiologin Ericka Ralston, die zahlreiche neue Bakterien beschrieb. Das Epitheton *syzygii* verweist auf den Gewürznelkenbaum *Syzygium aromaticum.*

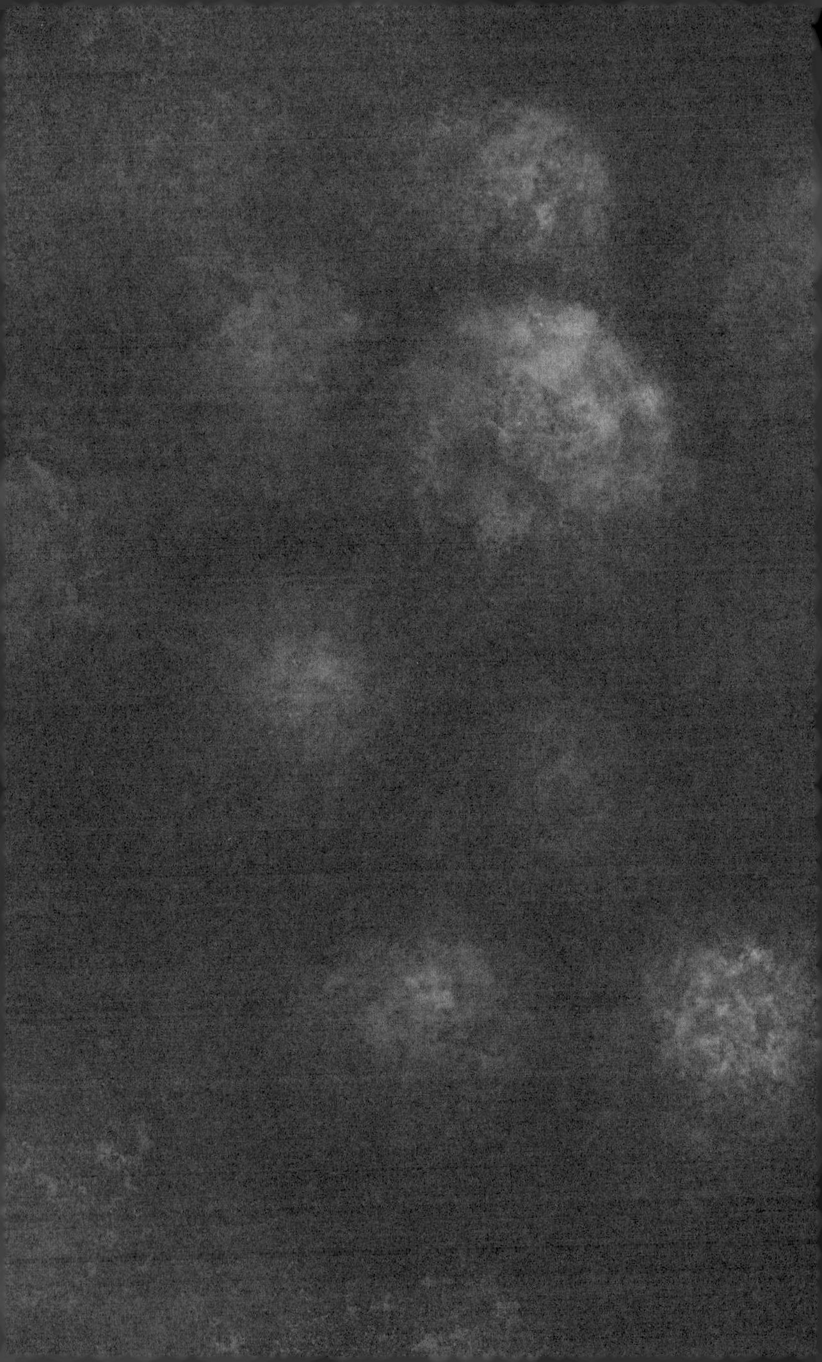

Nützliche Helfer

Lactococcus lactis

Die Milchkugel aus der Milch

FORM runde bis ovale Zellen
DURCHMESSER 0,5 bis 1,5 Mikrometer
AUFTRETEN meist zu zweit oder in kurzen Ketten
BESONDERE KENNZEICHEN bildet keine Sporen

Eine der wohl ältesten Dienstleistungen von Bakterien, die die Menschheit in Anspruch nimmt, ist die Haltbarmachung von Lebensmitteln. Der Joghurt zum Frühstück, der Käse oder die Wurst auf dem Brot, das Sauerkraut, das Essigdressing zum Salat oder die Sojasauce zu Mittag, das Sauerteiggebäck und der dazu gereichte Tee am Nachmittag und abends das Feierabendbier oder der Wein – sie alle sind unter Beteiligung von Bakterien entstanden. Insgesamt ist etwa ein Drittel aller heute verzehrten Lebensmittel fermentiert.

Die Fermentierung hat zahlreiche Vorteile. Die Lebensmittel sind hygienisch und sicher, länger haltbar und schmecken oft besser. Zudem werden im Lauf des Prozesses giftige oder schwer verdauliche Stoffe abgebaut, die sich in den naturbelassenen Ausgangsprodukten befinden.

Die meisten fermentierten Lebensmittel werden noch heute nach Verfahren hergestellt, die seit Jahrtausenden bestehen. Vielfach geschehen die Prozesse spontan oder durch Beimpfung mit einem bereits fermentierten Produkt (Alt-neu-Beimpfung, auch ›Anfrischen‹ genannt), es sind also ganz undefinierte Kulturen in Gebrauch, die sich kontinuierlich verändern, weil Stämme mutieren oder durch Virenbefall verschwinden.

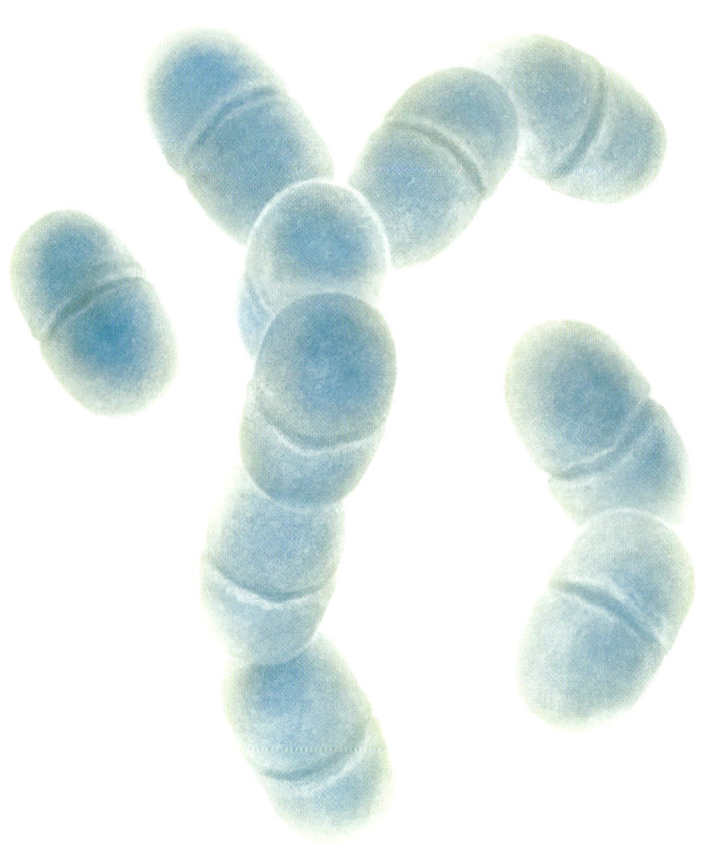

Stellvertretend für die zahllosen Milchsäurebakterien sei hier *Lactococcus lactis*, die Milchkugel aus der Milch, genannt.

Das Bakterium lebt in der Milch, verdaut den darin enthaltenen Milchzucker und scheidet dabei Milchsäure aus, die die Milch gerinnen lässt. Je nach Steuerung des Verfahrens entstehen dabei Butter- und Dickmilch, Kefir, Hüttenkäse, Schmand und Quark oder andere Sauerrahmprodukte. Auch am Beginn der Käseproduktion ist es beteiligt, weil es die Trennung von Käsebruch und Molke ermöglicht. Weniger bekannt ist, dass es auch eine Rolle bei der Herstellung von Brot, manchen Bierspezialitäten und Sauergemüsen spielt.

In der Natur kommt *L. lactis* auf Pflanzen, zumeist Gräsern, vor, aber im Lauf der mehr als tausendjährigen Verwendung durch den Menschen haben die in der Produktion verwendeten Lactococci zahlreiche Gene abgeschaltet oder verloren, die die Wildformen noch nutzen.

In der medizinischen Forschung war *L. lactis* das erste gentechnisch veränderte Bakterium, das lebend zu therapeutischen Zwecken eingesetzt wurde. Dabei ging es um die Behandlung von Morbus Crohn, einer schweren chronisch-entzündlichen Darmerkrankung. Niederländische Forscher hatten *L.-lactis*-Bakterien ein Gen für die Produktion des entzündungshemmenden Proteins Interleukin-10 (IL-10) eingebaut. Ende 2002 nahmen die ersten Patienten die Bakterien in Kapselform ein. Die Kapseln sorgten für einen Schutz vor der Magen- und Gallensäure und wurden schließlich im entzündeten Darm zersetzt, wo die Bakterien sich ansiedelten. Tatsächlich kam es dort zu einer IL-10-Produktion. Eine Verbreitung in der Umwelt konnte dadurch ausgeschlossen werden, dass den Bakterien ein überlebenswichtiges Gen fehlte, sodass sie auf die Zufuhr von

Thymin oder Thymidin angewiesen waren. Auch wenn der therapeutische Effekt nur vorübergehend war, konnte damit gezeigt werden, dass der Ansatz funktioniert und sicher ist. Derzeit laufen mehrere Studien, bei denen *L.-lactis*-Stämme, die andere therapeutische Proteine produzieren, auf menschliche Schleimhäute aufgebracht werden, um zum Beispiel Autoimmunerkrankungen wie Morbus Crohn, aber auch Multiple Sklerose, Allergien und Arthritis zu behandeln. Der Vorteil: Das menschliche Immunsystem toleriert Milchsäurebakterien auf der Schleimhaut, weil Laktokokken (*L. acidophilus*) zur natürlichen Hautflora des Menschen gehören.

Auch als Probiotikum, etwa zur Behandlung von Durchfallerkrankungen oder begleitend zu einer Antibiotikatherapie, wird *L. lactis* verwendet. Überzeugende Wirksamkeitsnachweise fehlen allerdings.

Acetobacter aceti

Das essigsaure Stäbchen aus dem Essig

FORM gerades oder leicht gekrümmtes Stäbchen
LÄNGE 0,9 bis 4,2 Mikrometer
DURCHMESSER 0,5 bis 0,8 Mikrometer
AUFTRETEN einzeln, paarweise oder in Ketten
FORTBEWEGUNG mithilfe von Geißeln, die an seiner Oberfläche verteilt sind

Essigsäurebakterien kommen dort vor, wo Hefen Zucker oder pflanzliche Kohlenhydrate zu Alkohol vergären. Man findet sie auf beschädigten Früchten ebenso wie im Nektar von Blüten. Sie werden meist von Insekten verbreitet und oxidieren den zu Ethanol vergorenen Zucker an der Luft über Acetaldehyd zu Essigsäure. Da sie Stickstoff aus der Luft fixieren und Pflanzen damit nutzbare Stickstoffverbindungen zur Verfügung stellen können, findet man sie auch in Symbiose mit manchen Gräsern und wichtigen Nutzpflanzen, darunter Ananas, Bananen, Mango, Kaffee, Tee und Zuckerrohr.

Menschen nutzen das Essigbakterium seit mindestens viertausend Jahren. Aus dieser Zeit stammen die ersten Funde, die die Verwendung von Essig belegen. In Mesopotamien und Ägypten gewann man Essig, indem man Wein oder Bier in offenen Gefäßen monatelang stehen ließ, um eine saure Würze oder – mit Wasser verdünnt – ein saures Getränk zu erhalten, das in der Antike als *Posca* bekannt war. Es gehörte wie gepökeltes Schweinefleisch und Käse zur Marschverpflegung der römischen Legionäre. Die Essigsäurebakterien wurden durch

Insekten, meist Fruchtfliegen, eingetragen und verwandelten den Alkohol allmählich in Essig.

Das für die Speiseessigbildung verantwortliche Bakterium *Acetobacter aceti*, das essigsaure Stäbchen aus dem Essig, wurde 1837 entdeckt, aber man brachte es nicht mit der Essigbildung in Verbindung. Die wurde damals als eine spontan ablaufende, rein chemische Umwandlung betrachtet. Zunächst hielt man *A. aceti* für eine Alge, dann für einen Pilz. Erst Ende des 19. Jahrhunderts, als mehr Wissen über Bakterien und deren Unterschiede zu Algen und Hefepilzen existierte, wurde erkannt, dass es sich um eine Bakterie handelt.

Der französische Mikrobiologe und Chemiker Louis Pasteur konnte 1864 beweisen, dass es für die Essigbildung verantwortlich war. Pasteur war von einem biologischen Prozess überzeugt, und untersuchte die dünne Haut, die Essig überzieht, die sogenannte Essigmutter. Es gelang ihm, daraus einen Organismus zu isolieren, der in Gegenwart von Sauerstoff Essig produzierte. Pasteurs Studien hatten enorme praktische Folgen, denn mit diesem Wissen konnten die Essighersteller die Produktion beschleunigen.

Das geschieht, indem man Astwerk, Holzspäne oder Ähnliches zusetzt und die Flüssigkeit von unten belüftet und umwälzt. Die Bakterien, die normalerweise nur auf der Oberfläche mit Zugang zu Sauerstoff wachsen, können nun dank der Luft, die die Flüssigkeit durchströmt, das zugesetzte Holz besiedeln, dessen zerklüftete, große Oberfläche dabei eine hohe Besiedlungsdichte ermöglicht. Das beschleunigt den Prozess erheblich, und schon nach ein paar Tagen hat sich ein bis zu zwölfprozentiger Essig gebildet. Dieses sogenannte Fesselverfahren – die Bakterien sind an das Trägermaterial gefesselt – wird heute nur noch zur Herstellung hochwertiger Essigsorten genutzt. Der übrige Speiseessig wird in Fermentern mit starker Durchmischung und Belüftung im Schnellessigverfahren binnen 24 Stunden hergestellt.

A. aceti ist sehr säuretolerant. Das Bakterium besitzt zum einen eine sehr effiziente Pumpe, die die Essigsäure aus der Zelle hinauspumpt. Dennoch ist sein Zellinneres so sauer, dass seine Enzyme vor Säure geschützt sein müssen. Wie das geschieht, ist von großem Interesse für die industrielle Mikrobiologie. Probleme bereitet das Bakterium bei der Wein- und Bierproduktion, da es für Fehlgeschmack sorgt. Bei der Herstellung von Bio-Ethanol überzieht es die Stahlteile der Produktionsanlagen mit einem Biofilm. Dort produziert es Essigsäure und fördert damit die Korrosion.

Auch steht es in Verdacht, an bestimmten Fäulnisprozessen von verletztem Obst beteiligt zu sein. Für Menschen ist es jedoch völlig ungefährlich – es ist keine Krankheit bekannt, die durch *A. aceti* ausgelöst wird.

Propionibacterium freudenreichii

Eduard von Freudenreichs Propionsäurebakterium

FORM eiförmig
LÄNGE etwa 0,8 Mikrometer
DURCHMESSER 0,4 Mikrometer
BESONDERE KENNZEICHEN bildet keine Sporen und kann nur unter Sauerstoffabschluss leben

Wer gern Schweizer Käse isst, schätzt dessen nussigen, leicht süßlichen Geschmack und kennt seine charakteristischen Löcher. Vermutlich die wenigsten Käseliebhaber wissen jedoch, dass Geschmack und Löcher auf das Bakterium *Propionibacterium freudenreichii* zurückzuführen sind. Noch weniger Menschen wird bewusst sein, dass sie mit jedem Gramm Emmentaler etwa eine Milliarde dieser auch im fertigen Käse noch quicklebendigen Bakterien verzehren.

Anders als Milchsäurebakterien fermentiert Eduard von Freudenreichs Propionsäurebakterium den Milchzucker nicht zu Milchsäure, sondern zu Propionsäure – daher der Name – sowie zu Essigsäure und Kohlendioxid. Letzteres führt zur Bildung der Löcher im Käse. Sein Epitheton verdankt es dem Mikrobiologen Eduard von Freudenreich, der von 1851 bis 1906 in der Schweiz lebte. Er untersuchte als Erster systematisch die Rolle von Bakterien bei der Käseherstellung. Bekannt wurde er für sein Lehrbuch *Die Bakteriologie in der Milchwirthschaft: Kurzer Grundriss zum Gebrauche für Molkereischüler, Käser und Landwirthe*, das 1893 erschien und 1894 sogar in englischer Übersetzung veröffentlicht wurde.

Für den Geschmack von Emmentaler und anderen Schweizer Festkäsen sorgt *P. freudenreichii*, weil es auch Milchfette und Stoffwechselprodukte anderer Mikroorganismen verwertet und dabei kurzkettige Fettsäuren und vor allem Ester produziert.

P. freudenreichii ist auch in Rohmilch vorhanden. Für die Käseherstellung verlässt man sich jedoch nicht auf die nur in geringer Zahl natürlich vorhandenen Bakterien, sondern gibt vorgezüchtete Bakterienkulturen zu, in denen sich neben *P. freudenreichii* auch *Streptococcus thermophilus, Lactobacillus helveticus* und *Lactobacillus delbrueckii* befinden.

P. freudenreichii ist dabei das einzige Bakterium, das die bei der Emmentalerherstellung üblichen Prozesse wie Kochen, Ansäuern, Rühren, Gießen, Salzen und Reifen bei unterschiedlichen Temperaturen lebendig übersteht. Die anderen Bakterien sterben im Verlauf der Käseherstellung ab und dienen ihm als Nahrung.

Da Käseesser bei einer typischen Emmentalerportion schätzungsweise 30 Milliarden lebende Bakterien zu sich nehmen, wurde der Einfluss von *P. freudenreichii* auf die menschliche Gesundheit gründlich untersucht. Schädliche Wirkungen auf den Darm oder die Darmflora konnten dabei nicht festgestellt werden – eher das Gegenteil: *P. freudenreichii* scheint sich positiv auf die Stabilisierung einer gesunden Darmflora auszuwirken, reduziert entzündliche Prozesse im Darm und hat möglicherweise eine gewisse Schutzwirkung gegen Darmkrebs. Es findet sich daher auch in kommerziell erhältlichen probiotischen Nahrungsergänzungsmitteln.

Das Bakterium wird jedoch nicht nur bei der Käseherstellung, sondern auch zur Produktion von Vitamin B12 genutzt. Dazu wurden gentechnisch veränderte Stämme hergestellt, die gegenüber den Wildformen des Bakteriums ein Vielfaches an Vitamin B12 produzieren können. *P. freudenreichii* ersetzt damit die chemische Produktion von Vitamin B12, die mehr als siebzig Syntheseschritte erfordert. Vitamin B12 ist für die Blutbildung und das Nervensystem wichtig und findet sich natürlicherweise vor allem in tierischen Lebensmitteln.

Bradyrhizobium japonicum

Das langsam wachsende japanische Wurzelbakterium

FORM stäbchenförmig
LÄNGE 1,2 bis 3,0 Mikrometer
DURCHMESSER 0,5 bis 0,9 Mikrometer
FORTBEWEGUNG dank einer dicken und ein paar dünnen Geißeln, die an der gleichen Stelle entspringen
AUFTRETEN auch in Symbiose mit der Mungobohne, der Augenbohne und einer Buschbohne

Bradyrhizobium japonicum, das langsam wachsende japanische Wurzelbakterium, gehört zu den wirtschaftlich bedeutendsten Bakterien, ist den meisten Menschen aber vermutlich unbekannt. Die Sojabohne, die Grundlage für die Ernährung von Millionen Menschen ist, lebt mit dem Bakterium in einer Symbiose, bei der es die Sojabohne mit Stickstoffverbindungen versorgt, die es aus der Luft gewinnt. Im Gegenzug bietet die Sojabohne Nährstoffe und Schutz.

Die Lebensgemeinschaft findet in sogenannten Wurzelknöllchen statt, die in einem komplexen Wechselspiel zwischen Pflanze und Bakterium gebildet werden, das sich in ähnlicher Form auch bei anderen Pflanzen aus der Familie der Leguminosen genannten Hülsenfrüchtler abspielt – dazu zählen etwa Bohnen, Erbsen, Linsen, Lupinen und Erdnüsse. Sie alle leben mit meist spezifischen Knöllchenbakterien in Symbiose. Diese Bakterien sind auch außerhalb von Pflanzen im Boden vorhanden und können dort Jahrzehnte überdauern, wobei sie sich jedoch nur langsam vermehren.

Die Knöllchenbildung wird durch Flavonoide eingeleitet,

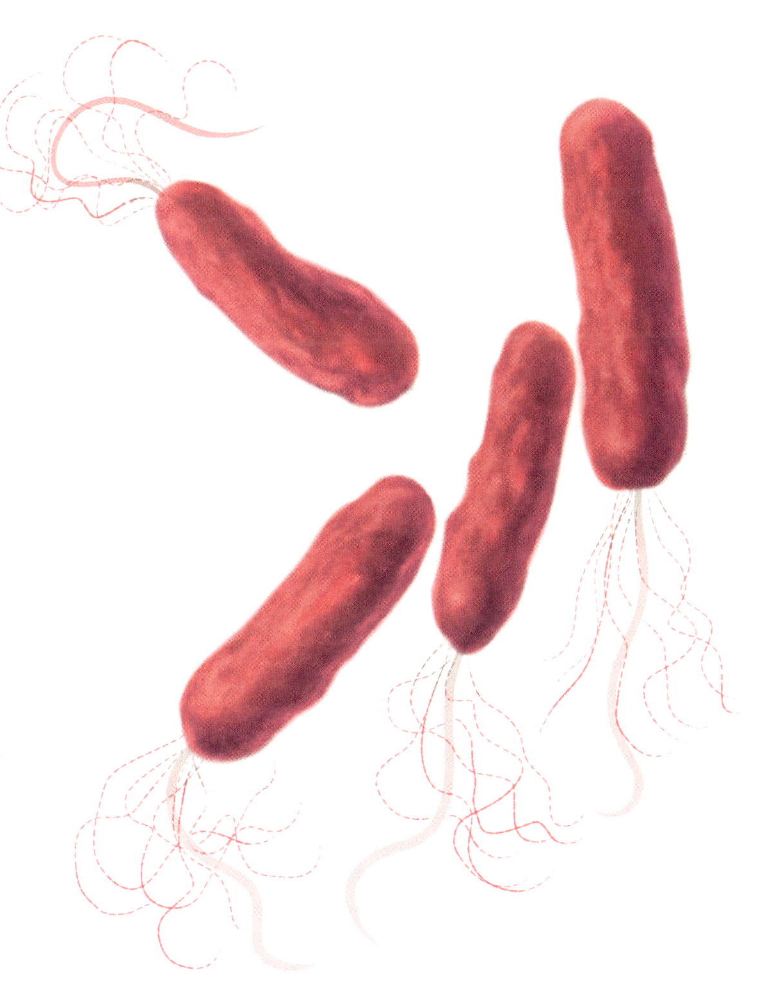

die die Sojapflanze über ihre Wurzeln abgibt. Zu den Flavonoiden gehören die Farbstoffe, die für die Färbung von Roter Beete, roten Trauben, Möhren, Äpfeln usw. sorgen. Sie ziehen die beweglichen Bakterien an und sorgen dafür, dass *B. japonicum* ein Molekül produziert und ausscheidet, das bei der Pflanze die Bildung der knöllchenförmigen Wucherungen auslöst. Sie beginnt mit einer Verkrümmung der Wurzelhaare, an denen die Bakterien anhaften, und der Bildung eines Infektionsschlauchs, über den *B. japonicum* in die Wurzelhaare einwandert und zur Wurzelhaut vordringt, wo es von Pflanzenzellen aufgenommen wird. Am Ende ist eine knötchenförmige Verdickung (Knöllchen) mit Zellen entstanden, die prall gefüllt sind mit Bakterien. Diese Bakteroide sind ebenso wie die enthaltenen Bakterien nicht mehr teilungsfähig, aber sie produzieren über Wochen und Monate in großen Mengen lösliche Stickstoffverbindungen. Jedes Knöllchen kann Millionen Bakterien enthalten.

In den Bakteroiden verändert sich der Stoffwechsel von *B. japonicum.* Es beginnt, elementaren Stickstoff aus der Luft zu Ammonium zu reduzieren und auszuscheiden. Das dafür nötige Enzym, die Nitrogenase, funktioniert aber nur dann gut, wenn wenig Sauerstoff vorhanden ist. Daher reguliert die Pflanze den Sauerstoffgehalt in der Umgebung der Bakteroide durch einen Farbstoff, der dem menschlichen Blutfarbstoff ähnelt. Die Bakterien wiederum werden von der Pflanze mit Nährstoffen versorgt. Die Fähigkeit zur Stickstofffixierung besitzt *B. japonicum* nur innerhalb der Bakteroide, nicht in der freien Natur.

Stirbt die Sojapflanze ab, werden die Bakterien freigesetzt und erlangen ihre Teilungsfähigkeit zurück.

Die wirtschaftliche Bedeutung der Knöllchenbakterien ist enorm. Pflanzen können gasförmigen Stickstoff aus der Atmosphäre nicht nutzen; sie sind auf lösliche Stickstoffverbindungen wie Ammonium oder Nitrate angewiesen und müssen daher für hohe Erträge mit Mineraldünger oder stickstoffreichem organischen Material gedüngt werden. Nicht so die Leguminosen: Sie werden durch die Knöllchenbakterien mit Stickstoff versorgt. Schätzungen zufolge können die Bakterien pro Hektar und Jahr 200 bis 300 Kilogramm Luftstickstoff umwandeln. Weltweit setzen sie zwischen 44 und 66 Millionen Tonnen Stickstoff aus der Luft um und produzieren damit fast die Hälfte des Stickstoffs, der in der Landwirtschaft als Dünger genutzt wird. Da sie mehr Stickstoffverbindungen produzieren, als die Pflanzen aufnehmen können, reichern diese Verbindungen den Boden an. Leguminosen werden daher oft als Zwischenfrucht angebaut, um den Boden nährstoffhaltiger zu machen und Mineraldünger einzusparen. Meist wird der Boden dabei zusätzlich mit Knöllchenbakterien angeimpft.

Könnte man Knöllchenbildung und Stickstofffixierung effizienter machen oder auf andere Nutzpflanzen übertragen, ließe sich der Einsatz von Düngemitteln reduzieren und selbst auf kargen Böden könnten dann hohe Erträge erzielt werden. Doch dafür ist noch viel weitere Forschung nötig. Bislang sind sechzehn Gene identifiziert, die bei Leguminosen an der Knöllchenbildung beteiligt sind.

Bacillus thuringiensis

Das Stäbchen aus Thüringen

FORM stäbchenförmig
LÄNGE 2 bis 5 Mikrometer
DURCHMESSER 1 Mikrometer

Der *Bacillus thuringiensis* (abgekürzt als *Bt*) lebt im Boden an und neben Pflanzenwurzeln; für Insekten ist er ein tödlicher Krankheitserreger. Vor über hundert Jahren wurde er unabhängig voneinander in Japan und in Thüringen entdeckt – in Japan wollte der Mikrobiologe Ishiwata Shigetane wissen, was die wertvollen Seidenraupen plötzlich sterben lässt, in Deutschland studierte der Bakteriologe Ernst Berliner den plötzlichen Tod von Mehlmotten. Shigetane und Berliner fanden den gleichen Organismus – weil der japanische Name *Sottokin* (Plötzlicher-Tod-Bazillus) der internationalen Nomenklatur nicht entsprach und Shigetane ihn auch nicht eindeutig als Ursache des Seidenraupentods identifizierte, hat sich der Name *Bacillus thuringiensis* durchgesetzt, und es gibt wohl kaum ein Bakterium, das die Landwirtschaft weltweit so sehr verändert hat.

Von *Bt*-Bakterien gibt es zahlreiche verschiedene Unterarten, die alle eines gemeinsam haben: Sie bilden Giftstoffe, die jeweils auf ganz spezifische Insekten wirken, darunter zahlreiche Schädlinge wichtiger Nutzpflanzen. Die meisten Toxine sind nur für eine oder wenige Arten giftig, andere bleiben verschont. Warum die Bakterien im Boden in Gesellschaft mit Pflanzenwurzeln leben, ist nicht bekannt, es scheint aber, dass das Bakterium die Wurzeln vor Schädlingsbefall schützt.

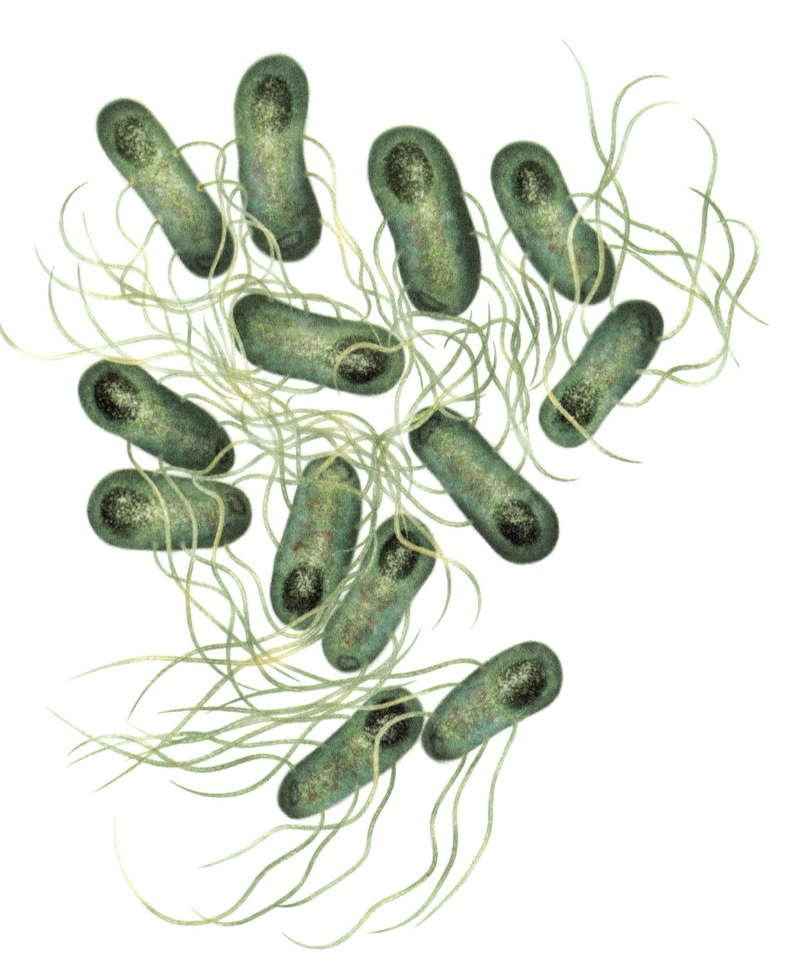

Bei den Giftstoffen, mit denen sie sich Nahrung erschließen, handelt es sich um Eiweiße, die sich als Kristalle im Innern einlagern, wenn die Bakterien Sporen bilden. Die Kristalle lösen sich nur unter alkalischen Bedingungen wieder auf. Anders als bei Menschen, die einen sauren Verdauungstrakt besitzen, haben Insekten ein alkalisches Darmmilieu. Nehmen Raupen die eingetrockneten Bakterien mit der Nahrung auf, lösen die Kristalle sich in ihrem Darm auf und werden angedaut. Erst dabei entstehen die Giftstoffe, die die Zellen des Insektendarms angreifen. Sie reißen Poren in die Zellwand, die damit durchlässig für Wasser, Salze und Zellbestandteile wird. Das führt zur raschen Auflösung der Zellen und zum Zusammenbruch der Darmfunktion – Körperflüssigkeiten und Darminhalt vermischen sich. Zuerst wird die Nervenfunktion gestört und das Insekt ist gelähmt; wenige Stunden oder Tage später stirbt es und wird von *B. thuringiensis* verdaut.

Wegen ihrer tödlichen und vor allem hochspezifischen Wirkung auf bestimmte Insekten wird *Bt* seit den frühen 1920er-Jahren als Insektenvernichtungsmittel eingesetzt. 1938 kam unter dem Handelsnamen Sporeine in Frankreich das erste *Bt*-Insektizid auf den Markt, das *Bt*-Sporen und -Toxinkristalle enthielt. *B.-thuringiensis*-Bakterien sind vor allem für den Ökolandbau unverzichtbar, denn sie sind eines der wenigen wirksamen Insektizide, die für die Biolandwirtschaft zugelassen sind. Versprüht wird *B. thuringiensis* aber auch über Gewässern, um die Larven von Mücken und anderen blutsaugenden Insekten zu bekämpfen. Doch das Sprühen auf Pflanzen hat Nachteile: Sporen und Giftkristalle werden rasch vom Regen abgewaschen, von Sonnenlicht inaktiviert und erreichen Insekten, die an Wurzeln oder unzugänglichen Stellen fressen, nicht.

Forschern gelang es bereits vor dreißig Jahren, die für die Produktion bestimmter Toxine verantwortlichen Gene zu isolieren und in Pflanzen wie Mais, Baumwolle, Soja oder Auberginen einzubauen. Diese sogenannten *Bt*-Pflanzen produzieren nun in ihren Zellen das entsprechende Eiweiß. Wegen der Spezifität für einzelne Schadinsekten schädigt es nur die Insekten, die an der Pflanze fressen, etwa den Maiszünsler oder den Auberginenfruchtbohrer. Für Mensch und Vieh sind sie ebenso ungiftig wie die *Bt*-Sprays. *Bt*-Pflanzen werden weltweit seit mehr als zwanzig Jahren angebaut und haben den Einsatz von Insektiziden drastisch reduziert: Allein beim Mais werden in den USA jährlich 6 400 Tonnen Insektizide eingespart, bei Baumwolle ist die Einsparung noch höher. Und in Bangladesch, wo Auberginen Grundnahrungsmittel sind, können die Landwirte seither auf die besonders schädlichen Breitbandinsektizide verzichten, die sie früher mehrmals pro Woche oder sogar zweimal täglich einsetzen mussten.

Auch die Nebeneffekte können sich sehen lassen: Nachbarfelder mit konventionellen Sorten profitieren von dem abnehmenden Schädlingsdruck, die Ernten steigen und die Belastung durch das Gift von Schimmelpilzen, die an den Fraßstellen von Insekten wachsen, sinkt um 30 bis 50 Prozent.

Acidithiobacillus ferrooxidans

Das schwefelsaure, eisenoxidierende Stäbchen

LÄNGE 1 Mikrometer
DURCHMESSER circa 0,5 Mikrometer
FORTBEWEGUNG bewegt sich mithilfe einer an einem Ende angeordneten Geißel

Der Rio Tinto, der die spanische Provinz Andalusien durchzieht, verdankt seine rote Farbe Eisen- und Kupferionen, die darin gelöst sind.

Der Fluss gilt seit Jahrhunderten als tot: Sein Wasser kann man nicht trinken und es leben keine Fische darin. Im Oberlauf gibt es ergiebige Eisen- und Kupfervorkommen vulkanischen Ursprungs, und archäologische Funde belegen, dass hier schon zur Römerzeit nach diesen Metallen geschürft wurde.

Die Römer waren es wohl auch, die eine Besonderheit entdeckten: Legt man metallisches Eisen in das stark sauer schmeckende Wasser, löst das Eisen sich auf und stattdessen scheidet sich Kupfer ab. Das Phänomen ist Chemikern heute als Zementation bekannt. Dass die Römer dieses Verfahren nutzten, lässt sich aus Resten von Wasserbecken schließen, an deren Böden und Wänden sich Spuren von metallischem Kupfer fanden.

Heute sind die Bakterien bekannt, die hinter der Rotfärbung des Flusses stecken. Das wichtigste unter ihnen ist *Acidithiobacillus ferrooxidans*, der Verhüttungsspezialist unter den Bakterien. Das Bakterium wird heute in technischen Prozessen für die Metallgewinnung beziehungsweise für die Sanierung von Böden eingesetzt. In der Natur kommt es in Eisenerzlagerstät-

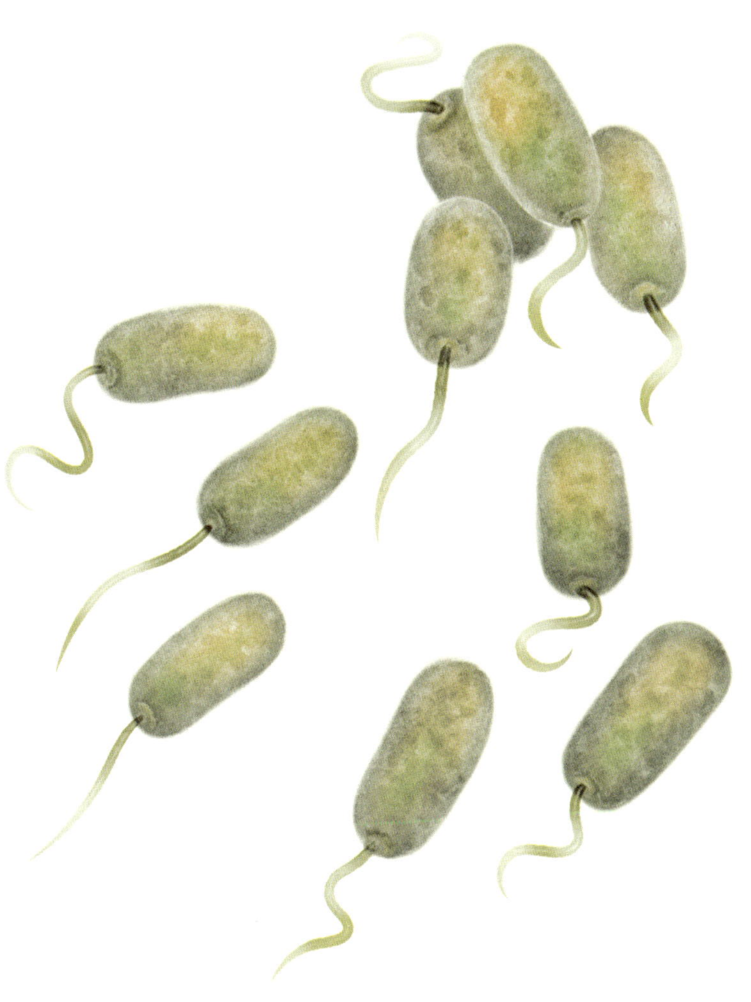

ten vor, vorzugsweise auf pyrithaltigem Gestein, das auch als Schwefelkies oder Katzengold bekannt ist. Chemisch handelt es sich dabei um Eisen(II)-sulfid.

Pyrit, ein goldfarbenes Mineral, kann durch vulkanische Prozesse entstehen. In Sedimenten oder bestimmten Böden wird es unter dem Einfluss anderer Bakterien gebildet, die unter Luftabschluss organisches Material verdauen. Dabei bilden sich Schwefelwasserstoff beziehungsweise Schwefel. Beide reagieren mit vorhandenem Eisen, sodass es im Lauf der Zeit zur Bildung von kristallinem Pyrit kommt.

Das Pyrit wiederum wird von dem schwefelsauren, eisenoxidierenden Stäbchen genutzt. Dabei bilden sich Eisensulfat und ätzende schweflige Säure sowie Schwefelsäure, die dafür sorgen, dass aus den Mineralien der Umgebung andere Metalle herausgelöst werden. Wie der Name bereits andeutet, kann das Bakterium in dieser selbsterzeugten sehr stark sauren Umgebung bei pH-Werten von eins bis zwei überleben und man findet es auch in den sogenannten Sauerwassern, die aus manchen Minen heraussickern.

Die Entstehung dieses stark sauren Sickerwassers war lange Zeit unklar. Die beiden amerikanischen Bakteriologen Kenneth L. Temple und Arthur Russell Colmer erkannten bei der Untersuchung solcher Sauerwasser in einem Kohlebergwerk in Montana im Jahr 1949 als Erste, dass diese stark sauren Wässer durch bakteriellen Einfluss entstehen. Sie isolierten und beschrieben 1951 den Organismus, den sie *Thiobacillus ferrooxidans* nannten; im Jahr 2000 wurde die Gattung *Thiobacillus* aufgrund molekulargenetischer Erkenntnisse teilweise reklassifiziert und aufgespalten. Dabei wurde *T. ferrooxidans* der neu geschaffenen Gattung *Acidithiobacillus* zugeordnet.

Die Entdeckung hatte große wirtschaftliche Bedeutung. *A. ferrooxidans* wurde umgehend im Industriemaßstab zur biologischen Laugung (*Biomining* oder *Bioleaching*) eingesetzt. Dabei werden riesige Halden von zerkleinertem, mineral- und eisenhaltigem Gestein aufgeschichtet und mit Wasser besprüht. Solche Halden können die Maße von fünf Kilometer Länge, zwei Kilometer Breite und mehr als hundert Meter Höhe erreichen und bilden damit die wohl größten Bioreaktoren der Welt. Im ihrem Inneren bildet *A. ferrooxidans* gemeinsam mit anderen Bakterien und Archaebakterien, die ähnliche Eigenschaften besitzen, Biofilme auf dem Gestein.

Die von den Bakterien produzierten Säuren lösen die wertvollen Metalle, die dann am Fuß der Halde mit dem Wasser austreten. Diese Sickerflüssigkeit wird umgewälzt und so lange wieder aufgesprüht, bis ihr Metallgehalt hoch genug ist, um die Metalle chemisch abscheiden zu können.

Dank der Bakterien kann auch aus minderwertigen Lagerstätten Metall gewonnen werden. Etwa ein Viertel des heute produzierten Kupfers, mehr als fünf Prozent des Goldes und je etwa drei Prozent des weltweit erzeugten Nickels und Kobalts werden heute biotechnologisch gewonnen. Auch Uran wird auf diese Weise aus Erzen herausgelöst.

Sofern sichergestellt ist, dass die Sickerflüssigkeit vollständig aufgefangen wird, besteht das einzige Umweltproblem darin, die im Überschuss anfallenden säurehaltigen Prozesswässer vor einer Entsorgung vollständig von Schwermetallen zu befreien und zu neutralisieren. Damit sind diese Verfahren erheblich umweltschonender als die übliche Verhüttung in Hochöfen.

Bacillus cohnii

Ferdinand Julius Cohns Stäbchenbakterie

FORM rund
DURCHMESSER 0,6 bis 0,7 Mikrometer
FORTBEWEGUNG mithilfe von Geißeln, die über die gesamte Zelloberfläche verteilt sind

Bakterien können nicht nur für die Produktion von Lebensmitteln oder die Gewinnung von Metallen, sondern auch zum Bau von Brücken und Häusern eingesetzt werden.

Das zeigt *Bacillus cohnii*, ein unscheinbares, kalkbildendes Bakterium. Es mag ein alkalisches Milieu, so wie Pferdemist, der einen pH-Wert von 8 erreichen kann. Doch es lebt auch in stärker alkalischen Biotopen und wurde inzwischen auf der ganzen Welt gefunden, auch in den laugigen Sodaseen Europas, Afrikas, Südamerikas und der Türkei. Dort bildet es aus den gelösten Carbonaten Kalk. Ursprünglich entdeckt wurde es, als Anfang der 1990er-Jahre Bakteriologen der DSM (Deutsche Sammlung von Mikroorganismen und Zellkulturen) nach neuen Bakterien suchten, die alkalische Bedingungen bevorzugen. Gefunden wurde *B. cohnii* dabei in einer Bodenprobe von einer Weide mit alkalischem Boden, die Rückstände von Pferdeäpfeln enthielt.

B. cohnii toleriert nicht nur Laugen mit einem pH-Wert von mehr als 12 (was dem pH-Wert einer stechend riechenden Ammoniaklösung entspricht), sondern auch lange Trockenperioden, indem es Sporen bildet. Von Bakteriensporen ist bekannt, dass sie sehr widerstandsfähig sind und Jahrzehnte oder Jahrhunderte, unter bestimmten Bedingungen sogar Jahrmillionen

(*Lysinibacillus sphaericus* → S. 80) überdauern können, ohne ihre Keimfähigkeit zu verlieren. Benannt ist *B. cohnii* nach dem deutschen Bakteriologen Ferdinand Julius Cohn, einem der Pioniere der Bakteriologie, der 1872 als Erster die Gattung Bacillus, also die Stäbchen beschrieb.

Die Kombination seiner Eigenschaften – Fähigkeit zum Wachstum in alkalischer Umgebung, Kalkbildung und lange Keimfähigkeit – macht *B. cohnii* interessant für die Bauwirtschaft. Ein niederländischer Mikrobiologe, der sich mit kalkbildenden Bakterien beschäftigte, entwickelte daraus die Idee eines selbstheilenden Betons.

Dazu werden Sporen des Bakteriums mit Ammonium- und Phosphatsalzen sowie einem Nährstoff gemischt. Diese Mischung wird in Tonkügelchen eingekapselt und die nur wenige Millimeter großen Körner werden dem stark alkalischen Beton zugesetzt.

Solange der Beton nach der Aushärtung dicht ist, passiert nichts. Bilden sich jedoch Risse, dringt über längere Zeit Feuchtigkeit ein und die Sporen beginnen zu keimen. Die Bakterien teilen sich, verbrauchen die zugesetzten Stoffe und produzieren dabei laufend Calciumcarbonat, das die Risse wieder verschließt. Die Bakterien sollen innerhalb weniger Tage Risse von bis zu mehreren Millimetern Breite verschließen können.

Damit könnte *B. cohnii* ein großes Problem lösen, denn Risse in Betonbauten zwingen regelmäßig zu aufwendigen Instandhaltungsarbeiten und verursachen Schäden in Milliardenhöhe.

Auch bereits bestehende Gebäude könnte das Bakterium schützen. Erprobt werden Sprühbeton und Reparaturflüssigkeiten mit dem Bakterium. Beides wird auf Bauteile aufgetragen, die bereits feine Risse zeigen.

Marktreif ist der selbstheilende Beton jedoch bisher nicht. Noch nimmt das Tongranulat zu viel Volumen ein und beeinträchtigt damit die Statik des Betons. Auch das Zusammenspiel zwischen Trägermaterial, Nährstoffen und Beton, die gleichmäßige Verteilung und Freisetzung der Sporen, die Geschwindigkeit beziehungsweise der zeitliche Verlauf der Kalkbildung usw. müssen erst verbessert werden. Mittlerweile werden auch andere kalkbildende Bakterien auf ihre Eignung untersucht. Dennoch ist *B. cohnii* sozusagen der Pionier der biologischen Betonheilung.

Kalkbildende Bakterien wie *B. cohnii* werden mittlerweile aber auch zu anderen Zwecken verwendet. Ein deutsches Unternehmen nutzt sie, um Stäube zu binden, wie sie etwa im Bergbau entstehen. Die Bakterien werden dabei mitsamt einem flüssigen Nährmedium auf staubige Böden aufgebracht, wo sie binnen 6 bis 48 Stunden Kalk produzieren, der die Staubkörner miteinander zu Sandstein verbindet und damit verfestigt. Früher setzten Bergbauunternehmen enorme Mengen Wasser ein, um die Staubbildung zu unterdrücken. Dieses Wasser kann mithilfe der Bakterien eingespart werden.

Cytophaga hutchinsonii

Henry Brougham Hutchinsons Zellverdauer

FORM stäbchenförmig und flexibel
LÄNGE 2 bis 10 Mikrometer
BREITE 0,3 bis 0,5 Mikrometer

Zellulose ist das wohl häufigste Biomolekül der Welt, doch überraschenderweise gibt es kein Tier – ein paar Termiten, Schnecken und Muscheln ausgenommen –, das zellulosezersetzende Enzyme besitzt. Das ist auch deswegen überraschend, weil Zellulose ebenso wie Stärke aus Traubenzuckeruntereinheiten aufgebaut ist. Der Unterschied besteht einzig und allein in der Art und Weise, wie die beiden Moleküle räumlich miteinander verbunden sind. Um diese Verbindung trennen und Zellulose zu Zucker abbauen und verdauen zu können, benötigen Tiere Mikroorganismen. Kühe und andere Wiederkäuer haben dafür extra einen besonderen Magen, in dem anaerobe Mikroorganismen leben, die die Zellulose zerlegen. Auch einige Bakterien der menschlichen Darmflora können Zellulose angreifen.

Zellulosemoleküle sind lange, unverzweigte Ketten von bis zu mehreren Zehntausend Untereinheiten Cellobiose, die wiederum aus zwei miteinander verbundenen Glukosemolekülen bestehen. Zellulose ist daher auch für Bakterien ein schwer zu verdauendes Molekül, und die meisten Mikroorganismen, die Zellulose verdauen können, tun das außerhalb ihrer Zellen. Sie scheiden große Mengen von Enzymen aus und geben dabei bis zu 40 Prozent ihres Eiweißgehalts nach außen ab. Dieser Pro-

zess ist ›selbstlos‹, denn da er außerhalb der Zellen geschieht, reichern die Zelluloseverdauer dabei ihre Umgebung mit großen Mengen Zucker an.

Anders geht *Cytophaga hutchinsonii* vor, dessen Epitheton Henry Brougham Hutchinson ehrt, der das Bakterium 1919 als Erster beschrieb, es aber fälschlicherweise als Spirochät einordnete, weil es unter dem Mikroskop die typische schraubenförmige Gestalt von Spirochäten zeigte. Hutchinson hatte das Bakterium getrocknet, um es zu beobachten, und dabei verdrehen sich die Zellen, wie die polnische Mikrobiologin Helena Krzemieniewska 1930 herausfand. Zu einer ähnlichen Erkenntnis war ein Jahr zuvor der russische Mikrobiologe Sergei Nikolajewitsch Winogradski gelangt, der damals am Institut Pasteur in Paris arbeitete. Er schlug als neuen Gattungsnamen *Cytophaga* und das Epitheton *hutchinsonii* vor.

Das besondere an *C. hutchinsonii* ist, dass es über eine einzigartige Fähigkeit zur Zelluloseverdauung verfügt.

Es bildet auf seiner Oberfläche Proteine, die an Zellulose binden, und Enzyme, die die Zellulosemoleküle zerschneiden. Sie suchen dazu Regionen auf, in denen die normalerweise feste Kristallstruktur der Zellulose gestört ist. Die frei gewordenen Enden werden dann vermutlich durch Poren oder Kanälchen in den Zwischenraum zwischen äußerer und innerer Zellwand des Bakteriums eingefädelt, wo sie weiter zerlegt werden. Dabei wird kein Zucker nach außen abgegeben – *C. hutchinsonii* ist egoistisch und sehr effizient.

Das Bakterium kann ohne Weiteres von feuchtem Filterpapier leben. Allerdings braucht es sehr engen Kontakt zu seiner Nahrung, auf der es mittels eines noch nicht genau bekannten Mechanismus umhergleitet. Auf Glasplatten erreicht *C. hutchin-*

sonii dank dieses Gleitmechanismus Geschwindigkeiten von bis zu fünf Mikrometer pro Sekunde – viel für ein Bakterium, obwohl eine gewöhnliche Schnecke einhundertmal schneller vorankommt. Gelegentlich kehrt sich die Bewegungsrichtung plötzlich um oder das Bakterium beginnt, sich mit beträchtlicher Geschwindigkeit zu drehen: zweimal pro Sekunde.

Wie das geschieht, ist noch nicht verstanden. Die Zelloberfläche ist mit beweglichen Eiweißmolekülen bedeckt, die wie eine Art Panzerkette oder Förderband angeordnet sind und sich zusammenziehen beziehungsweise entspannen können. Hinzu kommen winzige Fäden, die möglicherweise die Anhaftung an einer Oberfläche ermöglichen oder unterstützen. Vielleicht helfen sie auch dabei, Stellen aufzuspüren, an denen die Zelluloseverdauung besonders effizient beginnen kann, oder sie wirken daran mit, angedaute Bruchstücke dorthin zu transportieren, wo sie aufgenommen und weiter verdaut werden können.

Zellulasen, das heißt zelluloseverdauende Enzyme, werden in Industrie, Landwirtschaft und Abwasseraufbereitung schon seit Jahrzehnten eingesetzt. Darüber hinaus besteht großes kommerzielles Interesse an *C. hutchinsonii*: Seine Fähigkeit, auch feste Zellulose effizient angreifen zu können, könnte helfen, die Umwandlung von Holz-, Papier- und Pflanzenabfällen in Zucker oder Alkohol noch effizienter zu machen – Biotreibstoff müsste dann nicht mehr aus Stärke hergestellt werden.

Clostridium autoethanogenum

Die schmale Spindel, die Alkohol herstellt

FORM spindelförmiges Stäbchen mit spitz zulaufenden Enden
LÄNGE 2,1 bis 9,1 Mikrometer
BREITE 0,5 bis 0,6 Mikrometer
FORTBEWEGUNG durch zahlreiche Geißeln
BESONDERE KENNZEICHEN verträgt keinen Sauerstoff

Treibstoff lässt sich nicht nur aus der Stärke von extra als Energiepflanze angebautem Mais oder aus Pflanzen- und Papierabfällen gewinnen, sondern auch direkt aus Abgasen. Es gibt einige wenige Mikroorganismen, die solche Gase zu Alkohol vergären können. Diesen Trick beherrscht zum Beispiel das Bakterium *Clostridium autoethanogenum*, das belgische Forscher 1994 aus dem Kot von Kaninchen isolierten.

Kaninchenkot ist eine gute Quelle für Bakterien, die Kohlenstoffoxide verwerten können, weil Kaninchen ein sehr spezielles Verdauungssystem haben. Ihr Darm ist ein Stopfdarm ohne viel Muskulatur, weshalb sie permanent Nahrung aufnehmen müssen. Die neue Nahrung schiebt den bereits im Darm vorhandenen Brei weiter. Eine weitere Besonderheit ist der Blinddarm, der bei Kaninchen den größten Teil des Verdauungstrakts einnimmt. Dort wird die Nahrung von Bakterien zerlegt. Da der Prozess nicht sehr schnell ist, wird die nur angedaute Nahrung als sogenannter Blinddarmkot ausgeschieden, den das Kaninchen wieder aufnimmt und verschluckt. Bei diesen Prozessen entstehen große Mengen Kohlenmonoxid und Koh-

lendioxid, die aber kaum aus dem Blinddarm entweichen können. Wiederum andere Bakterien verwerten diese Gase, und als die Belgier auf die Suche nach neuen bakteriellen Verwertern der Gase gingen, waren bereits Bakterien bekannt, die im Kaninchendarm Kohlendioxid zu Essigsäure umsetzen.

C. autoethanogenum kann eine Mischung aus Wasserstoff, Kohlenmonoxid und Kohlendioxid als Energie- und Kohlenstoffquelle nutzen. Der Wasserstoff wird zur Reduktion von Kohlendioxid genutzt. Dabei entstehen Essigsäure und Alkohol sowie einige Nebenprodukte. Das Bakterium lebt unter Luftabschluss in den schlammigen Sedimenten von Gewässern. Dort steht es ganz am Ende der Zersetzung von organischem Material wie Pflanzenresten, Kadavern oder tierischen Ausscheidungen. Wenn Mikroorganismen, die von diesem Material leben, und weitere, die wiederum deren Ausscheidungen nutzen, ihre Arbeit getan haben, ist keinerlei komplexes organisches Material mehr übrig, nur Gase wie Wasserstoff, Kohlenmonoxid und Kohlendioxid. Nur wenige (Archae-)Bakterien können dieses Gasgemisch zum Leben nutzen.

C. autoethanogenum gehört zu den spindelförmigen Clostridien (*Clostridium* bedeutet kleine Spindel) und erhielt sein Epitheton *autoethanogenum*, weil es selbstständig, das heißt ohne organischen Kohlenstoff, in der Lage ist, Alkohol (Ethanol) zu bilden.

Interessant sind *C. autoethanogenum* sowie einige wenige weitere (Archae-)Bakterien, die ebenfalls Kohlenmonoxid beziehungsweise Kohlendioxid nutzen können, weil sich mit ihnen aus industriellen Abgasen Treibstoff herstellen lässt. Forschern eines Biotechnologieunternehmens in Illinois gelang es, die Stoffwechselwege des Bakteriums im Einzelnen aufzuklären und durch die Inaktivierung eines Gens die Effizienz der Alkoholproduktion um bis zu 180 Prozent zu steigern.

Im Mai 2018 wurde in China eine Anlage auf dem Gelände eines Stahlwerks in Betrieb genommen. Die Bakterien haben bis Mitte 2019 aus dessen Abgasen 36 Millionen Liter Alkohol erzeugt. Die Produktionskapazität liegt bei 72 Millionen Liter pro Jahr. Im Oktober 2018 wurde der erste transatlantische Linienflug mit Treibstoff durchgeführt, dessen Ethanolanteil vollständig von den Bakterien aus den Abgasen eines Stahlwerks hergestellt worden war. Allein aus den jährlichen Abgasen der Eisen- und Stahlindustrie, die rund ein Viertel aller industriellen Kohlendioxidemissionen ausmachen, ließen sich etwa 20 Prozent des jährlich benötigten Flugbenzins herstellen.

Ähnliche Projekte gibt es mittlerweile auch in Deutschland. Um das bei der Bioethanolproduktion aus Zucker anfallende Kohlendioxid zu nutzen und damit die Klimabilanz der Biotreibstoffherstellung zu verbessern, nutzt ein Industriebetrieb bereits Bakterien, die das Treibhausgas in Dicarbonsäuren konvertieren. Das sind Grundstoffe für die Herstellung von Kunststoffen wie Polyester und Polyamide (Nylon). Dicarbonsäuren können aber auch in einem zweiten Schritt durch andere Mikroorganismen zu komplexeren Verbindungen umgesetzt werden.

Auch die stark sauren Rauchgase aus Braunkohlekraftwerken ließen sich nutzen, um Grundchemikalien herzustellen. Hier liegt für die Industrie großes Potenzial, den Ausstoß von Kohlendioxid zu verringern.

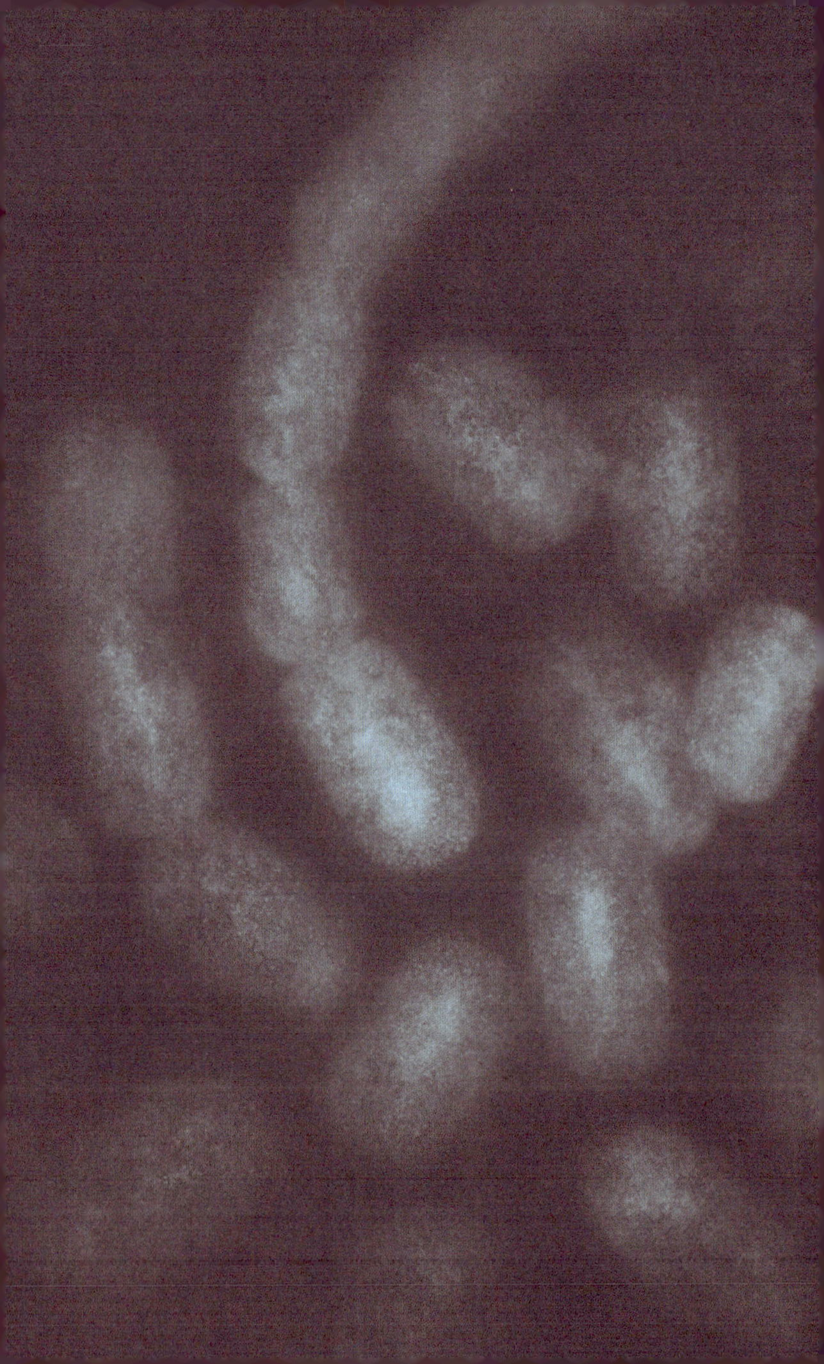

Bedrohungen

Bacillus anthracis

Das milzbrandverursachende Stäbchen

FORM stäbchenförmig
LÄNGE bis zu 10 Mikrometer
DICKE 1 Mikrometer
SPOREN haben eine Größe von circa 1 mal 2 Mikrometer
AUFTRETEN im Blut infizierter Organismen bildet es Ketten aus 6 bis 8 Zellen

Bakterien besiedeln nicht nur die menschliche Umwelt, sondern auch den Menschen selbst. Manche sind harmlos, andere nützlich, wieder andere tödlich.

Wie nahe Fluch und Segen beieinanderliegen, zeigt das Bodenbakterium *Bacillus anthracis*, bekannt seit den mit *B.-anthracis*-Sporen gefüllten Briefen, die wenige Wochen nach den Terroranschlägen vom 11. September 2001 in den USA an verschiedene Nachrichtensender und US-Senatoren verschickt wurden und denen fünf Menschen zum Opfer fielen.

B. anthracis, auch Anthrax-Bakterium genannt, ist ein enger Verwandter von *B. thuringiensis* → S. 212, und zwar so eng, dass Wissenschaftler darüber debattieren, ob es sich überhaupt um zwei verschiedene Arten handelt. Die deutlichsten Unterschiede liegen bei den Plasmiden der beiden Bakterien, das sind ringförmige DNA-Stücke, die sich außerhalb des eigentlichen Genoms im Bakterium befinden und häufig zwischen verschiedenen Arten ausgetauscht werden. *B. thuringiensis* trägt Plasmide mit Genen für *Bt*-Toxine, *B. anthracis* zwei Plasmide, die für das aus drei Untereinheiten bestehende Anthrax-Toxin co-

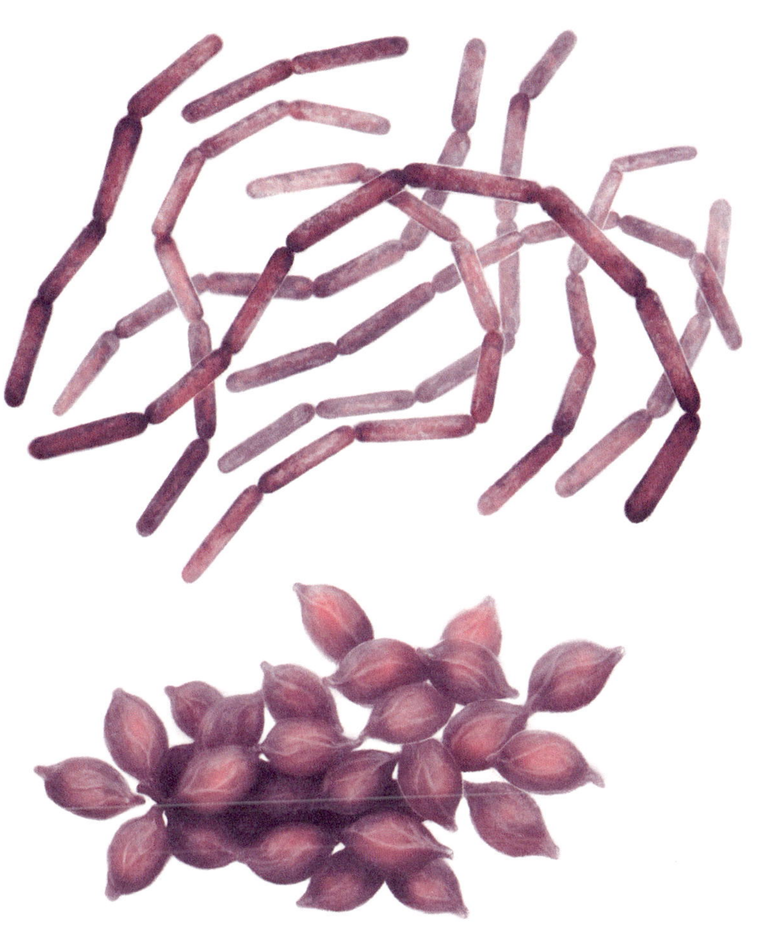

BACILLUS ANTHRACIS
[und Sporen]

dieren. Warum die betreffenden Plasmide zwischen den beiden Bakterien nicht ausgetauscht werden, ist unbekannt.

Während *B. thuringiensis* nur für Insekten gefährlich werden kann, ist *B. anthracis* der Erreger des Milzbrands, einer schweren und oft tödlich verlaufenden Krankheit, die Weidevieh befällt, wenn es Sporen des Bakteriums über Nahrung oder Trinkwasser aufnimmt. Da Milzbrand von Tierkadavern, aber auch durch Fleisch, Wolle, Leder, Knochen usw., auf den Menschen übertragen werden kann, kommt es bei schlechter Hygiene im Umgang mit Tierprodukten oder mangelnder veterinärmedizinischer Überwachung zu Infektionen. Milzbrand war jahrhundertelang eine typische Berufskrankheit von Menschen, die im Hafen sowie in der woll- und lederverarbeitenden Industrie tätig waren. Auch heute kommt sie in diesen Berufen noch gelegentlich vor. 2010 starb ein fünfunddreißigjähriger Folkmusiker in London an Milzbrand, nachdem er eine Trommel mit importierten Tierhäuten selbst bespannt hatte. Doch auch Milzbrandinfektionen durch infiziertes Heroin werden beobachtet.

Je nach Infektionsweg kommt es zu Haut-, Darm- oder Lungenmilzbrand, manchmal mit Komplikationen wie der Milzbrand-Meningitis, einer schweren Hirnhautentzündung. Da nur die Sporen infektiös sind, kommt eine Übertragung von Mensch zu Mensch nicht vor. Anthrax lässt sich im Frühstadium mit Antibiotika bekämpfen; ist das Bakterium schon längere Zeit im Körper, hat sein Gift jedoch bereits irreparable Schäden angerichtet. Die Todesrate ist daher vor allem bei Darm- und Lungenmilzbrand mit 40 beziehungsweise 45 Prozent sehr hoch.

Milzbrandsporen werden von Immunzellen aufgenommen und keimen in diesen Zellen aus. Die freigesetzten Bakterien produzieren ein Gemisch aus drei Proteinen, die sich zu Giftstoffen kombinieren und anschließend ihr Zerstörungswerk beginnen.

Zur größten Milzbrandepidemie des 20. Jahrhunderts kam es 1979 in der Sowjetunion. Auslöser war ein Produktionsfehler in der geheimen Rüstungsanlage Swerdlowsk-19 nahe Jekaterinburg. In der Anlage wurden unter Verletzung der 1972 ausgehandelten und 1975 ratifizierten Biowaffenkonvention Anthraxsporen hergestellt, getrocknet und zu Pulver verarbeitet, das als Aerosol versprüht werden sollte. Für eine Infektion über die Lunge müssen nur etwa drei- bis neuntausend Sporen eingeatmet werden.

Wegen eines Fehlers beim Wechsel der Luftfilter gelangten am 2. April 1979 circa ein Gramm Milzbrandsporen – umgerechnet etwa vierzehn Milliarden – aus der Produktionsanlage in die Umgebung und führten zu einer Epidemie, an der mindestens hundert Menschen starben. Die Regierung machte den Verzehr von verseuchtem Fleisch aus der Umgebung für den Milzbrandausbruch verantwortlich und leugnete die wahre Ursache jahrzehntelang.

Anthraxsporen sind sehr widerstandsfähig gegen hohe Temperaturen, ultraviolette Strahlung und selbst aggressive Chemikalien. Sie überstehen sogar die Gerbung und Konservierung von Leder und können mehr als siebzig Jahre, im Boden möglicherweise sogar Jahrhunderte, überdauern. Altstandorte der Lederindustrie werden daher heute als potenziell milzbrandverseucht betrachtet. Aus den gleichen Gründen gelten Milzbrandsporen als besonders geeignete biologische Waffe. Da die Bakterien in vielen Böden natürlich vorkommen, sind sie leicht zugänglich. Sporadisch gibt es daher immer wieder Mordanschläge mit Milzbrandsporen.

Yersinia pestis

Alexandre Yersins Pestbakterie

FORM kurzes Stäbchen
LÄNGE 1 bis 1,3 Mikrometer
BREITE 0,5 bis 0,8 Mikrometer
FORTBEWEGUNG unbeweglich
BESONDERE KENNZEICHEN ab einer Temperatur von 37 Grad Celsius ist es von einer Kapsel umgeben

Yersinia pestis, das Pestbakterium, hat die größte bekannte Pandemie in der Geschichte der Menschheit verursacht. Im 14. Jahrhundert tötete es circa 30 bis 50 Prozent aller Europäer. Die Krankheit hatte schon zuvor, zu Zeiten des oströmischen Kaisers Justinian, von 541 bis etwa 770, in Europa und Vorderasien eine unbekannte Zahl von Menschen getötet. Warum sie erst einige Hundert Jahre später zurückkehrte, ist unbekannt. Das Verschwinden der Pest in neuerer Zeit ist nicht nur auf bessere Hygiene, sondern auch auf die Verdrängung der schwarzen Hausratte (*Rattus rattus*) durch die braune Wanderratte *Rattus norvegicus* zurückzuführen, die zwar ebenfalls Pestüberträgerin ist, sich aber nicht gern in der Nähe von Menschen aufhält.

Benannt ist *Y. pestis* nach dem Schweizer Mediziner Alexandre Yersin, der es bei der Untersuchung einer Pestepidemie in Hongkong 1894 in den Pestbeulen der Verstorbenen entdeckte. Er arbeitete damals als Schiffsarzt und Forschungsreisender für das französische Institut Pasteur, und da er gerade im Südchinesischen Meer unterwegs war, als die Pest in der Mandschurei ausbrach, beauftragte ihn die französische Regierung, sich

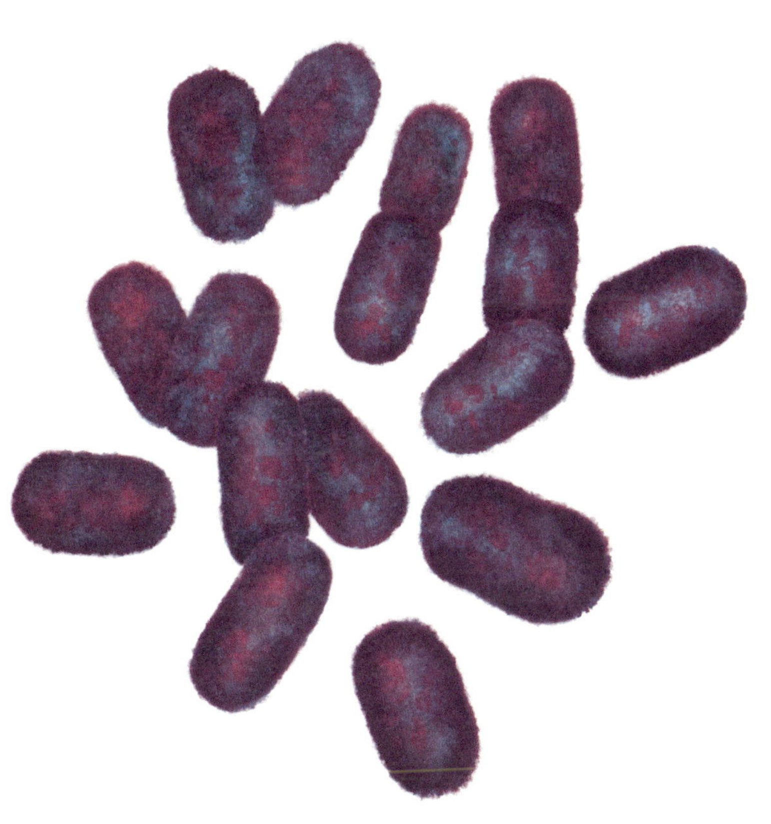

nach China zu begeben, um die bis dahin noch unbekannte Ursache der Erkrankung zu untersuchen.

Er hatte Glück, dass die Verwaltung der britischen Kolonie seine Arbeit aus machtpolitischen Interessen behinderte. Das zwang ihn, auf eine entlegene Krankenstation auszuweichen, in der es keinen Brutschrank gab. Der Erreger vermehrt sich, wie heute bekannt ist, bei den üblichen Brutschranktemperaturen auf Nährböden nur sehr schlecht und bevorzugt kühlere Temperaturen, und da Yersin die Agarplatten mit den Bakterien bei der deutlich niedrigeren Zimmertemperatur kultivieren musste, wuchs der Erreger sehr schnell. So kam Yersin mit seiner Entdeckung dem japanischen Forscher Kitasato Shibasaburō zuvor, der den Erreger, ebenfalls in Hongkong, vergeblich im Brutschrank zu kultivieren versuchte.

Y. pestis befällt normalerweise Ratten und andere Nagetiere. Übertragen wird er durch Flöhe, vor allem durch den Rattenfloh *Xenopsylla cheopis.* Dabei sterben immer mehr Ratten, sodass am Ende fünfzig bis hundert Flöhe eine Ratte bevölkern. Wenn die Rattenkolonie so stark reduziert ist, dass die Flöhe kaum noch Wirte finden, suchen sie andere Opfer, unter anderem auch den Menschen. Von der Erstinfizierung einer Rattenkolonie bis zum ersten Tod eines Menschen vergehen 20 bis 28 Tage.

Sobald die Bakterien mit dem aufgesaugten Blut eines infizierten Tiers in den Insektendarm gelangen, vermehren sie sich dort zu einem Klumpen. Aus 300 Bakterien werden innerhalb von drei bis neun Tagen etwa 20 000. Diese Bakterienmasse verstopft den Vorderdarm der Flöhe, sodass sie aufgenommenes Blut schließlich wieder erbrechen. Dabei geraten die Bakterien in die Wunde.

Wird ein Mensch von einem infizierten Floh gestochen, wandert das Bakterium von der Stichstelle über das Lymphgefäßsystem zum nächstgelegenen Lymphknoten, wo er sich vermehrt.

Ab einer Körpertemperatur von 37 Grad Celsius bildet *Y. pestis* eine Kapsel aus Hüllproteinen, die es vor dem Immunsystem schützt. Die ersten Bakterien, die in den Organismus gelangen, besitzen diesen Schutz jedoch noch nicht. Erst seit einigen Jahren ist bekannt, dass der Erreger sogenannte *Yersinia outer proteins* (YOPs) bildet, die über eine Art Hohlnadel in die Zellen eines befallenen Organismus abgegeben werden. Dieser Injektionsapparat ist nur 60 Millionstelmillimeter groß und ragt aus dem Bakterium heraus. Die YOPs führen dazu, dass die betroffene Zelle sich um den Erreger stülpt und ihn schließlich wie eine Schutzhülle umgibt. Des Weiteren bildet *Y. pestis* Stoffe, die das Immunsystem dämpfen, und Giftstoffe, die Lunge und Leber angreifen.

Innerhalb weniger Tage entwickelt sich eine deutliche Schwellung – die Pestbeule. Weitere Symptome sind Kopf- und Gliederschmerzen, Fieber, Erbrechen und neurologische Störungen. Der Tod tritt durch ein Versagen der Atmung oder des Herzens ein. Die Sterblichkeit liegt bei über 50 Prozent, bei einer Behandlung mit Antibiotika bei 10 bis 15 Prozent. Heftiger verläuft die Lungenpest. Sie entsteht, wenn Erreger durch Tröpfcheninfektion in die Lunge geraten. Sie beginnt mit Atemnot, Blaufärbung der Lippen und dem Abhusten eines schwarzen, blutigen Auswurfs. Daraus entwickelt sich ein Lungenödem mit Kreislaufversagen. Der Tod tritt zwei bis fünf Tage später ein. Diese Form der Pest kann leicht von Mensch zu Mensch übertragen werden.

Werden sehr viele Bakterien in den Blutkreislauf eingeschwemmt, verläuft die Krankheit schneller – es kommt zu einem septischen Schock mit Organversagen und einer Gerinnung des Bluts innerhalb der Blutgefäße. Dabei verfärbt sich die Haut dunkelviolett, was zu dem Namen ›Schwarzer Tod‹ geführt hat. Die Sterblichkeit beträgt dabei unbehandelt 100 Prozent und die Erkrankten sterben noch am gleichen Tag, an dem die Symptome auftreten.

Das Bakterium ist äußerst zäh. Es kann im Boden bis zu sieben Monate überleben, auf Kleidung fünf bis sechs Monate. Allerdings kann es durch Sonnenlicht deaktiviert werden.

Die Pest ist auch heute noch nicht besiegt: Sie ist derzeit in vielen Ländern Afrikas (beispielsweise in Uganda, Madagaskar oder der Demokratischen Republik Kongo), Amerikas und Asiens endemisch. In Europa und Australien existieren keine Verbreitungsgebiete. Es gibt keine zugelassene Impfung.

Besonders beängstigend: Schon im Mittelalter wurde die Pest als biologische Waffe benutzt, indem man die Leichen von Menschen, die an der Pest verstorben waren, mit Katapulten über Mauern und Wälle in Städte und Festungsanlagen schleuderte. Während des Zweiten Weltkriegs experimentierten japanische Truppen mit Pestbakterien und warfen schließlich große Mengen von mit Pest infizierten Flöhen von Flugzeugen über der Mandschurei ab. Das führte zwar nur zu kleineren Ausbrüchen, verbreitete aber Angst und Schrecken in der Zivilbevölkerung. In der Sowjetunion schließlich wurden Ende der 1980er-Jahre in Verletzung der Biowaffenkonvention gentechnisch veränderte Pestbakterienstämme hergestellt, die gegen alle verfügbaren Antibiotika resistent waren. Die ›Vorteile‹ von *Y. pestis* als Biowaffe: die Krankheit ist hochansteckend, die Inkubationszeit kurz, es gibt keine natürliche Immunität in der Bevölkerung und die Diagnose ist schwierig. Zudem lassen sich Pestbakterien gut mit Aerosolen versprühen: Bereits hundert bis fünfhundert eingeatmete Keime reichen aus, um eine Lungenpest zu verursachen.

Nützlich für den Menschen sind hingegen die YOPs und der Injektionsmechanismus der Pestbakterien, denn sie sind ein natürlich wirksames System, das entzündungshemmende Wirkstoffe auf einfache Art und Weise in Zellen transportieren kann.

Listeria monocytogenes

Joseph Listers Monozytoseauslöser

FORM stäbchenförmig
LÄNGE 1 bis 2 Mikrometer
DURCHMESSER 0,4 bis 0,5 Mikrometer
FORTBEWEGUNG trägt zahlreiche Geißeln auf der Oberfläche
BESONDERE KENNZEICHEN bildet keine Sporen

Listerien sind daran schuld, dass nicht pasteurisierte Milch und Rohmilchkäse, die weniger als sechzig Tage gereift sind, in vielen Ländern verboten sind. So dürfen zahlreiche europäische Käsespezialitäten beispielsweise nicht in die USA eingeführt werden. Rohmilch wird dort ebenso wie die daraus gewonnenen Käse – etwa Brie de Meaux, Camembert de Normandie, Comté, Epoisses, Gorgonzola, Reblochon, Roquefort – als Gesundheitsrisiko betrachtet. In diesen Käsespezialitäten sorgen Bakterien aus der Rohmilch für den Geschmack. Doch leider kann Rohmilch und damit auch der daraus hergestellte Käse Listerien enthalten, die tatsächlich unter bestimmten Umständen krank machen können.

L. monocytogenes lebt auf verrottenden Pflanzenresten und verwesenden Tieren, kommt aber auch in nährstoffarmen Pfützen, in Kondenswasser, im Staub von Kissen und Kopfstützen, auf Gräsern, in Schaf-, Ziegen- und Kuhmilch und im Darm von Mensch und Tier vor. Das Bakterium findet sich daher auch auf Gemüse, das mit organischem Dünger gezogen wurde. Schätzungen zufolge tragen es bis zu 10 Prozent aller Menschen im Darm und scheiden den Erreger über den Stuhl aus.

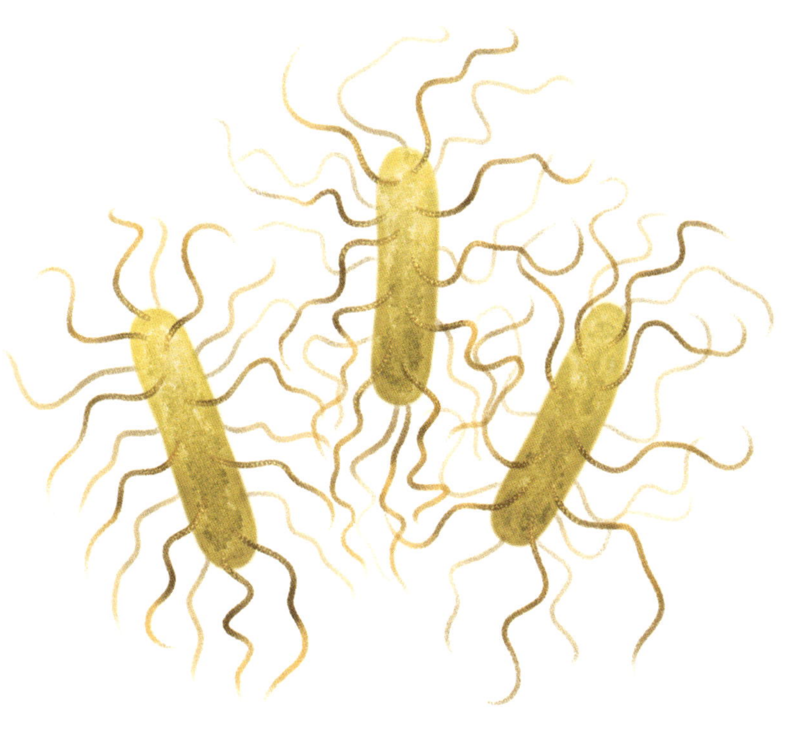

L. monocytogenes bevorzugt Temperaturen von 30 bis 37 Grad Celsius und Sauerstoff, kann aber auch ohne Sauerstoff und bei anderen Temperaturen überleben und wachsen. Die untere Grenze ist 4 Grad Celsius, die obere 45 Grad Celsius. Das ermöglicht ihm die Vermehrung auch in gekühlten, vakuumverpackten Lebensmitteln wie Aufschnitt, Hackfleisch, Milch, Käse, Räucherfisch und küchenfertig abgepackten Salaten.

Benannt ist *L. monocytogenes*, der Monozytoseauslöser, nach dem britischen Chirurgen Joseph Lister, der ab 1860 die aseptische Chirurgie proklamierte, die zunächst als sogenannter Listerismus abqualifiziert wurde, aber heute selbstverständlich ist. Lister nutzte Phenol zur Desinfektion des Operationsfelds, propagierte das Händewaschen und die Handdesinfektion der Operateure, die Verwendung von Gummihandschuhen im Operationssaal und entwickelte den phenolgetränkten Lister-Verband zur Abdeckung von Wunden.

Werden Listerien über Lebensmittel aufgenommen, können sie je nach Infektionsdosis und Gesundheitszustand drei bis siebzig Tage nach dem Verzehr eine Erkrankung auslösen. Bei Menschen in gutem Allgemeinzustand sind die Symptome Übelkeit, Erbrechen und Durchfall oder ähneln einer Grippe; Kleinkinder und Menschen mit geschwächter Immunabwehr können jedoch schwer erkranken. Bei ihnen vermehren sich dann die Monozyten im Blut sehr stark. Die Bakterien können über das Blut in zahlreiche Organe streuen und verursachen eine Sepsis oder Hirnhautentzündungen. Die Listeriose kann mit Antibiotika behandelt werden, dennoch sterben 30 Prozent der Betroffenen. Ungeborene Kinder sind besonders gefährdet. Während die Schwangere die Infektion kaum bemerkt, kann das Ungeborene sterben oder dauerhafte Schäden davontragen.

Eine Infektion ist durch die Plazenta oder während der Geburt möglich. In Deutschland erkrankten 2018 mehr als siebenhundert Menschen an Listeriose.

L. monocytogenes hat erstaunliche Fähigkeiten entwickelt, verschiedene Barrieren zu überwinden und in menschlichen Zellen zu überleben. Es kann die Darmschleimhaut ebenso durchdringen wie die Blut-Hirn-Schranke und die Plazenta-Barriere. Einmal im Blut oder in der Lymphflüssigkeit, wird es entweder von weißen Blutkörperchen aktiv aufgenommen oder es dringt mithilfe des sogenannten Zipper-Mechanismus in Zellen ein. Dabei veranlasst das Bakterium die Wirtszellen zur Bildung einer Ausstülpung, die es umschließt und nach innen befördert.

Dort zerstört es die Blase, in der es gefangen wurde, und beginnt mit der etwa einmal pro Stunde stattfindenden Teilung. Gleichzeitig binden die Bakterien Fasermoleküle aus der Zelle an sich, die am Ende verlängert werden und mit bis zu 40 Mikrometer das Zehnfache der Länge des Bakteriums erreichen können. Die stetige Verlängerung dieses Schweifs treibt die Bakterien mit einer Geschwindigkeit von bis zu 1,4 Mikrometer pro Sekunde voran. Stoßen sie dabei auf die Zellmembran ihrer Wirtszelle, bildet diese eine Ausstülpung, die wiederum von der benachbarten Zelle aufgenommen wird. Dort wiederholt sich der Vorgang, sodass die Bakterien von Zelle zu Zelle weitergegeben werden, ohne dass sie von Antikörpern oder weißen Blutkörperchen erreicht werden können.

Zur Listerienbekämpfung werden derzeit Bakteriophagenpräparate entwickelt, und zwar mit Viren, die spezifisch Listerien befallen. Lebensmittel könnten damit prophylaktisch behandelt werden.

Campylobacter jejuni

Das gekrümmte Stäbchen aus dem Dünndarm

FORM helixartig gewundenes Stäbchen
LÄNGE 0,5 bis 5 Mikrometer
DICKE 0,2 bis 0,5 Mikrometer
FORTBEWEGUNG an beiden Polen der Zelle befindet sich jeweils eine einzelne Geißel, sodass das Bakterium sich taumelnd oder in korkenzieherartigen Schraubenbahnen bewegt

Mit *Campylobacter jejuni* machen jedes Jahr Millionen von Menschen unangenehme Bekanntschaft. Das Bakterium, das bereits 1886 zum ersten Mal von dem deutschen Bakteriologen Theodor Escherich beobachtet und beschrieben wurde, aber von ihm nicht kultiviert werden konnte, ist die häufigste Ursache für schwere Durchfallerkrankungen des Menschen. Schon fünfhundert Keime reichen aus, um eine Infektion zu verursachen. Die Inkubationszeit beträgt meist zwei bis fünf Tage. Die Erkrankung macht sich durch wässrige Durchfälle, kolikartige, meist schwere Bauchschmerzen und Fieber bemerkbar. Auch blutiger Stuhl ist möglich.

C.-jejuni-Infektionen treten weltweit auf, denn das gekrümmte Stäbchen aus dem Dünndarm (genauer gesagt: dem *Jejunum* genannten Leerdarm, einem Teil des Dünndarms) lebt im Darm zahlloser Tiere – Wildtiere, Haustiere wie Hunde und Katzen ebenso wie Nutztiere, vor allem Geflügel. Häufigste Infektionsquelle in Deutschland ist Geflügelfleisch, dessen Oberfläche meist während der Schlachtung infiziert wird. Von dort gelangt es über die Hände oder Küchenutensilien in Lebensmit-

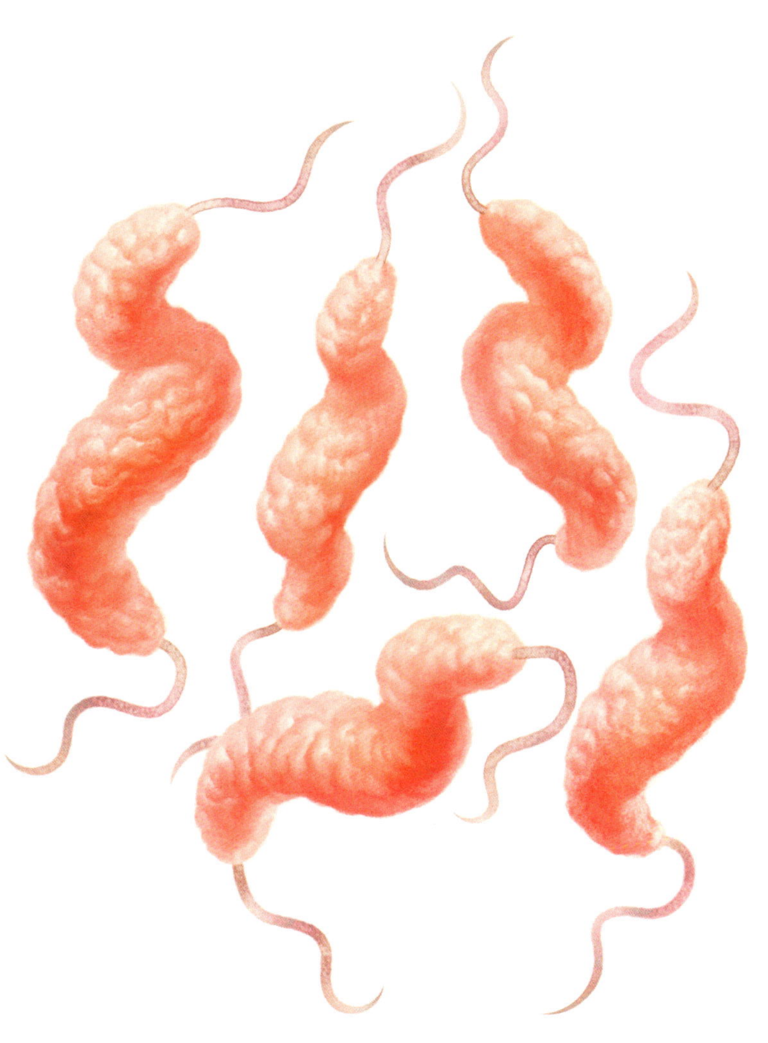

tel. Das Bakterium teilt sich bei Temperaturen um die 41 Grad Celsius, der normalen Körpertemperatur von Vögeln, am schnellsten. Im Unterschied zu Salmonellen und *Escherichia-coli*-Bakterien → S. 270 kann es sich aber nicht außerhalb eines Wirtsorganismus vermehren. Dennoch kann es in der Umwelt oder in Lebensmitteln mehrere Tage überleben. Kühlschranktemperaturen hält es sogar wochenlang aus.

Daher ist Küchenhygiene wichtig. Rohes Geflügelfleisch sollte getrennt von frischen Speisen, vor allem Salaten, verarbeitet werden. Hygieneexperten warnen auch davor, Geflügelfleisch abzuwaschen, weil der Waschvorgang die Bakterien durch Spritzwasser, Schüsseln und Ausgüsse verbreitet. Infektionen werden in Deutschland aber auch durch Rohmilch, Verzehr von rohem oder nur halb durchgebratenen Fleisch oder durch intensiven Kontakt mit Haustieren beobachtet. Infektionen über das Baden in Teichen und Seen sind ebenfalls möglich. In südlichen Ländern kann ungechlortes Trinkwasser eine Infektionsquelle sein.

Im Darm dringt das schraubenförmige und dank zweier Geißeln gut bewegliche Bakterium in die Schleimschicht ein, die den Darm auskleidet, und heftet sich an deren Grund an die Zellen des Darms. Während seines Wachstums setzt *C. jejuni* verschiedene Gifte frei, die von Stamm zu Stamm unterschiedlich sind. Einige zerstören die Darmzellen und verursachen damit einen entzündlichen Prozess. Je nach Anzahl und Art der Giftstoffe fällt die Schwere der Erkrankung unterschiedlich aus. Die Krankheit klingt normalerweise von selbst wieder ab, wichtigste Therapie ist ausreichende Flüssigkeitszufuhr. In seltenen Fällen ist eine Antibiotikatherapie erforderlich. Bestimmte Oberflächenproteine des Bakteriums können bei manchen Personen eine Autoimmunerkrankung auslösen, das sogenannte Guillain-Barré-Syndrom, das zu Nervenentzündungen und Lähmungserscheinungen führt. Über seine Lebensweise in Geflügel ist nichts bekannt, es gibt aber Hinweise darauf, dass Hühner milde Symptome zeigen, wenn sie mit sehr vielen *C.-jejuni*-Bakterien infiziert sind.

Auffällig ist die Organisation des Genoms von *C. jejuni*. Anders als bei den meisten anderen bislang untersuchten Bakterien sind die Gene, die für die Elemente bestimmter Stoffwechselwege verantwortlich sind, nicht zu funktionellen Einheiten zusammengefasst, sondern mosaikartig über das gesamte Genom verteilt. Seltsam und bislang ebenfalls nicht erklärt ist das fast völlige Fehlen von Reparatursystemen für beschädigte Gene und die sehr hohe Variabilität mancher Genabschnitte.

Legionella pneumophila

Die lungenliebende kleine Legion

FORM Stäbchen
LÄNGE 2 bis 20 Mikrometer
FORTBEWEGUNG durch monopolare Begeißelung
BESONDERE KENNZEICHEN obligat aerob

Legionella pneumophila, die lungenliebende kleine Legion, erhielt ihren Namen nach einer Epidemie, die im Juli 1976 unter Mitgliedern der American Legion ausbrach. Alle hatten an einer Tagung der Kriegsveteranenvereinigung in einem großen Hotel in Philadelphia teilgenommen. Nach der Rückkehr in ihre Heimatorte waren sie an einer Lungenentzündung erkrankt, hinzu kamen weitere Gäste und Mitarbeiter des Tagungshotels. Neunundzwanzig der insgesamt 182 Erkrankten starben. Die unbekannte Krankheit erhielt den Namen Legionärskrankheit.

Zunächst wurde ein Virus vermutet. Erst ein halbes Jahr nach dem Ausbruch gelang es, ein bislang unbekanntes Bakterium als Erreger zu identifizieren.

L. pneumophila kommt im Erdreich, in Blumenerde, Kompost und Humus und in Süßwasser vor und führt zwei verschiedene Leben. Die Bakterie kann frei in der Umwelt leben und bildet in Gewässern zähe Biofilme, in denen bis zu hunderttausend Bakterien pro Quadratzentimeter leben. Dort ist es vor rauen Lebensbedingungen, Desinfektionsmitteln und Antibiotika geschützt. Zugleich kann es als Parasit in Einzellern wie Amöben und Wimperntierchen leben. Der Kontakt wird über Pili hergestellt. Wird es von den Zellen aufgenommen, umgibt

es sich mit einer Schutzhülle und gibt aus dem Inneren dieser Vakuole Stoffe ab, die seine Versorgung sicherstellen. Binnen Minuten ist der komplette Stoffwechsel der befallenen Zelle gekapert und umgestellt und die Bakterie beginnt, sich rasch zu teilen.

Doch nicht immer endet die Infektion für die einzelligen Tiere tödlich. Leben in ihnen andere Bakterien als Endosymbionten, vermehren sich die Legionellen wesentlich langsamer und können bestimmte Giftstoffe nicht produzieren. Sie werden also in Schach gehalten.

In Amöben und Wimperntierchen kann *L. pneumophila* auch Trocken- und Hungerperioden überdauern. In solchen Fällen kapseln die einzelligen Tiere sich ein und leben erst wieder auf, wenn die Bedingungen günstig sind. So überstehen Legionellen auch hier widrige Bedingungen für Wochen und Monate.

Finden Legionellen ihren Weg in die Wasserversorgung, bilden sie auch hier in Warmwasserkesseln, Wasserleitungen, Klimaanlagen, Kühltürmen usw. Biofilme. Wenn dann ein Mensch unter der Dusche oder in der Sauna bakterienhaltige Wasserdämpfe einatmet, infiziert *L. pneumophila* Phagozyten in der Lunge und vermehrt sich in ihnen ebenso wie in Amöben. Das ist fatal, denn diese Fresszellen – weiße Blutkörperchen, die sich in Blut und Gewebe frei bewegen – sind eigentlich dazu bestimmt, Bakterien und andere Fremdkörper aufzunehmen und zu verdauen.

L. pneumophila entgeht dieser Verdauung und vermehrt sich in den Phagozyten. Dabei kommt es zur Produktion von Giftstoffen und Enzymen, die die Lunge schädigen und eine schwere Lungenentzündung auslösen. Gefährdet sind vor allem ältere

Menschen, Raucher sowie Menschen mit chronischen Erkrankungen oder geschwächtem Immunsystem. 2018 erkrankten in Deutschland 1443 Menschen an Legionellose. Trotz möglicher Antibiotikabehandlung liegt die Sterblichkeit bei etwa 10 bis 15 Prozent. Eine Ansteckung von Mensch zu Mensch tritt nicht auf.

Zur Prävention sollten in Hotels, Schwimmbädern usw. die Warmwasserbehälter und Leitungssysteme täglich mit Wasser durchspült werden, das mehr als 60 Grad Celsius heiß ist.

Helicobacter pylori

Das helixförmige Bakterium aus dem Magen

FORM gewundenes Stäbchen
LÄNGE 3 Mikrometer
DURCHMESSER 0,5 Mikrometer
FORTBEWEGUNG mithilfe von 4 bis 6 Geißeln, die alle an einem Pol des Bakteriums angeordnet sind

Helicobacter pylori lebt im Magen des Menschen – bislang wurde es noch nirgendwo anders gefunden. Es ist nicht nur an die aggressive Magensäure angepasst, sondern verursacht Entzündungen, Geschwüre und Krebs in Magen und Zwölffingerdarm. Das ist so ungewöhnlich, dass die Wissenschaft lange Zeit Zweifel an der Existenz des Bakteriums und seiner Beteiligung an den genannten Erkrankungen hatte.

Dabei gab es zahlreiche Hinweise: In Japan entdeckten Forscher spiralförmige, bewegliche Bakterien im Magen von Menschen, in China wurde festgestellt, dass Magengeschwüre erfolgreich mit Antibiotika geheilt werden konnten. In Australien beobachteten Robin Warren und Barry Marshall eine starke Korrelation zwischen Magengeschwüren und der Präsenz dieses merkwürdigen Bakteriums. Sie vermuteten einen ursächlichen Zusammenhang, aber die Wissenschaft war nicht überzeugt, galten doch Stress und Lebensstil seit Jahrzehnten als Auslöser von Magenschleimhautentzündungen und Geschwüren. Erst nachdem der gesunde Marshall 1984 eine Kultur mit diesen Bakterien aus dem Magen eines Patienten schluckte und drei Tage später eine Magenschleimhautentzündung bekam,

war die Fachwelt überzeugt. Einundzwanzig Jahre später erhielten die beiden australischen Mediziner dafür den Nobelpreis.

Solche Selbstversuche sind in der Bakteriologie selten, denn oft enden sie tödlich. So starb der peruanische Medizinstudent Daniel Alcides Carrión 1895, nachdem er sich durch einen Freund Blut aus der Warze eines an den sogenannten Peru-Warzen erkrankten vierzehnjährigen Jungen injizieren ließ. Carrión wollte beweisen, dass es sich bei diesen Warzen um eine chronische Form des sogenannten Oroya-Fiebers handelte. Der Beweis gelang und heute ist die Krankheit nach ihm benannt, aber Carrión starb an der Erkrankung und sein Freund wurde wegen Mordverdachts verhaftet, später jedoch wieder freigelassen.

Berühmt geworden ist auch der Selbstversuch des Hygienikers Max von Pettenkofer. Vor den Augen zahlreicher Studenten trank er 1892 während einer Vorlesung ein Glas mit rund einer Milliarde Choleraerregern. Er erkrankte an heftigem Durchfall, überlebte den Versuch jedoch. Vermutlich war der damals vierundsiebzigjährige Pettenkofer bereits zuvor mit dem Choleraerreger in Kontakt gekommen und hatte eine Immunität entwickelt, die ihm das Leben rettete.

Helicobacter pylori findet sich im Magen von Menschen auf der ganzen Welt: Mehr als die Hälfte der Weltbevölkerung ist mit ihm infiziert; nur etwa 10 bis 20 Prozent davon erkranken später an Entzündungen oder Geschwüren von Magen und Zwölffingerdarm, die inzwischen mit einer Kombination von Antibiotika gut behandelt werden können. Wird diese Therapie nicht oder zu spät eingeleitet, kann sich daraus Krebs entwickeln. Übertragen wird der Erreger vermutlich bei engem Kontakt mit Menschen, die an einer akuten Magen-Darm-Erkrankung mit Erbrechen leiden.

Das Bakterium kann dank seiner Geißeln in die dicke Schleimschicht eindringen, die die Magenwände überzieht und deren Zellen vor der aggressiven Magensäure schützt. Dort hält es sich vorzugsweise auf, meist angeheftet an die Zellen der Magenschleimhaut. Um sich herum baut der Keim ein neutrales Milieu auf, indem er Harnsäure aus der Umgebung spaltet und damit Ammoniak erzeugt, das die Salzsäure neutralisiert. Bei besonders starker Besiedlung kann das Ammoniak die Magenschleimhaut schädigen. Einige Typen von *H. pylori* gehen aus unbekannten Gründen dazu über, ein Eiweiß zu bilden, das in die Zellen der Magenschleimhaut eindringt, deren Form und Größe verändert und schließlich den Zellverband zerstört. Die Folge all dieser Prozesse sind Entzündungen, Geschwüre oder Krebs.

H. pylori begleitet uns Menschen vermutlich seit mehr als hunderttausend Jahren. Auch im Magen der etwa fünftausend Jahre alten Gletschermumie Ötzi konnte es nachgewiesen werden. Im Genom von *H. pylori* finden sich Genabschnitte, die darauf hindeuten, dass seine Vorfahren vermutlich von menschlicher Nahrung lebten. Vergleiche der genetischen Fingerabdrücke des Erregers legen nahe, dass der Keim vor gut 50 000 Jahren nach Europa gelangte und dass er sich an die unterschiedlichen Ernährungsgewohnheiten verschiedener Kulturen angepasst hat. Forscher vermuten aus allen diesen Gründen, dass die Anwesenheit von *H. pylori* im Magen eine Schutzfunktion gegen Durchfallerkrankungen, Tuberkulosebakterien, Asthma, Morbus Crohn, Refluxerkrankung und Speiseröhrenkrebs hat. Ob es daher sinnvoll ist, es mit einer Impfung zu bekämpfen, ist umstritten.

Staphylococcus aureus

Die goldene Traubenkugel

FORM rund
DURCHMESSER 0,8 bis 1,2 Mikrometer
FARBE Kolonien zeigen im Labor eine goldgelbe Farbe
FORTBEWEGUNG bewegt sich nicht aktiv
AUFTRETEN häufig zu Trauben zusammengelagert
BESONDERE KENNZEICHEN bildet keine Sporen

Staphylococcus aureus ist ein weiterer Beleg dafür, dass auch harmlose Bakterien sich in kürzester Zeit zu einer tödlichen Gefahr entwickeln können. Es kommt in Gewässern und Nahrungsmitteln vor, lebt aber auch auf der Haut und den Schleimhäuten von Mensch und Tier. Untersuchungen zufolge ist etwa die Hälfte aller Menschen mit *S. aureus* besiedelt, wobei 20 Prozent das Bakterium dauerhaft und 30 Prozent es vorübergehend beherbergen. Das Bakterium hat sich im Lauf der Evolution sehr gut an den Menschen angepasst, sodass es den Menschen besiedeln kann, ohne ihm zu schaden.

Dennoch kann es zum Teil tödlich verlaufende Erkrankungen verursachen. Die häufigste und in der Regel harmloseste Form einer *S.-aureus*-Erkrankung ist eine Lebensmittelvergiftung. Sie wird nicht durch eine Infektion, sondern durch Giftstoffe ausgelöst, die das Bakterium in verseuchten Nahrungsmitteln bildet und die durch Kochen nicht zerstört werden können. Die Vergiftungserscheinungen – vor allem Durchfälle – können sehr schnell, aber auch erst nach Tagen einsetzen. Ihre Dauer reicht von einer halben Stunde bis zu mehreren Tagen.

Beim Menschen bevorzugt *S. aureus* die Nase: Hier lebt es mit anderen Bakterien in einer Lebensgemeinschaft. Von dort kann es sich durch einen einfachen Griff an die Nase oder durch Niesen zu Wunden ausbreiten. Übertragen wird *S. aureus* auch durch Händeschütteln, Hautkontakt, gemeinsam benutzte Hand- und Badetücher usw.

Gelangt es in den Körper, kann es schwere Infektionen auslösen. Doch das ist nicht immer der Fall. Zum einen hängt eine Infektionsanfälligkeit stark vom Allgemeinzustand des Betroffenen ab. Zum anderen gibt es bei den Stämmen, die Menschen besiedeln, mindestens zehn verschiedene Abstammungslinien, die sich in ihrer Gefährlichkeit deutlich unterscheiden.

Handelt es sich um eine aggressive Variante und das Immunsystem des betroffenen Menschen ist stark geschwächt, kann *S. aureus* sich ausbreiten und ernste gesundheitliche Schäden verursachen.

Auf der Haut kommt es zu Entzündungen mit Blasen, Abszessen und Schwellungen. Dringt das Bakterium ins Blut vor, kann es Entzündungen in der Lunge, im Knochenmark oder von Hirn- und Herzinnenhaut verursachen. *S. aureus* ist auch die häufigste Ursache von Brustdrüsenentzündungen. In seltenen Fällen kommt es durch *S. aureus* auch zum toxischen Schock oder einer Sepsis, die in vielen Fällen tödlich verläuft.

S. aureus hat die Fähigkeit, im Körper lange Zeit unerkannt zu schlummern. Es kann in Zellen eindringen und dort Jahre überdauern, bis es bei einer Schwächung des Immunsystems zum Ausbruch kommt. Ein zweites Reservoir sind die Oberflächen von künstlichen Herzklappen, Gelenken und Herzschrittmachern sowie die Oberflächen von Kathetern und Sonden, die durch die Haut in den Körper eingeführt werden. Das Bakterium bildet auf diesen Geräten hartnäckige Biofilme. Darin ist es auch vor Desinfektionsmitteln geschützt. Von dort kann es sich bei günstigen Voraussetzungen ausbreiten.

Kommt es zu einer Infektion, wird *S. aureus* durch mehrere Mechanismen gefährlich. Das Bakterium ist durch eine Kapsel beziehungsweise bestimmte Proteine auf seiner Zelloberfläche vor Antikörpern und einer Verdauung durch weiße Blutkörperchen geschützt. Zudem manipuliert es die Blutgerinnung, sodass es mit einem Schutzwall aus Fibrin genanntem, geronnenem, klebrigem Eiweiß umgeben wird. Sobald es sich stark vermehrt hat, bricht es den Wall von innen auf und bildet Enzyme, die das umliegende Gewebe auflösen. Die einzelnen Abstammungslinien können zudem verschiedene Giftstoffe bilden, die weiße Blutkörperchen angreifen, Zellen perforieren und zu unkoordinierter Freisetzung von sogenannten Zytokinen führen. Wird der Körper mit Zytokinen überschwemmt, führt das zum sehr häufig tödlich verlaufenden Toxischen Schocksyndrom (TSS), bei dem Kreislauf und Organe versagen.

1881 von dem schottischen Chirurgen Sir Alexander Ogston entdeckt, war es als Hauptursache von Wundinfektionen in Krankenhäusern gefürchtet. In den 1930ern konnte man es mithilfe das Koagulasetests sicher identifizieren, aber noch immer nicht behandeln – ein Dilemma, das erst in jüngster Zeit breit diskutiert wird, seit es Gentests gibt, die unbehandelbare Erkrankungen wie die Chorea Huntington diagnostizieren können, noch bevor sie ausgebrochen sind. 1941 wurde der erste mit *S. aureus* infizierte Patient durch das neu entdeckte Antibiotikum Penizillin geheilt. Ohne Behandlung verliefen rund 80 Prozent der Blutstrominfektionen mit *S. aureus* tödlich, mit Antibiotika nur noch 15 bis 50 Prozent, je nach Bakterienstamm sowie Alter und Allgemeinzustand der Patienten. Doch schon bald entwickelten sich erste penizillinresistente *S.-aureus*-Stämme, die das Antibiotikum mithilfe des Enzyms Penicillinase zerlegen und damit unwirksam machen können. Schon 1960 waren 80 Prozent der Stämme, die man aus Krankenhäusern isolierte, resistent. Heute sind es nahezu alle. 1959 wurde Methicillin entwickelt, ein modifiziertes Penizillin, das durch Penicillinase nicht zerstört werden kann. Doch schon Anfang der 1960er-Jahre tauchten die ersten Stämme mit Methicillinresistenz auf.

Hinzu gekommen sind seither Resistenzen auch gegen andere Antibiotika, die meist als Mehrfachresistenz auftreten, und zwar überwiegend bei den methicillinresistenten *S. aureus* (MRSA). Daher wird das M in MRSA inzwischen als Abkürzung für ›multiresistent‹ verwendet. MRSA-Stämme sind nicht nur gegen alle Beta-Lactam-Antibiotika resistent, sondern gegen eine Vielzahl weiterer Antibiotika mit völlig anderen Wirkmechanismen. Derzeit sind noch bestimmte Reserveantibiotika gegen MRSA wirksam. Allerdings sind inzwischen erste *S.-aureus*-Stämme gefunden worden, die den Einsatz einzelner dieser Mittel überleben. Patienten erhalten zumeist eine Kombinationstherapie aus mehreren Antibiotika, die *S. aureus* zwar nicht eliminieren, aber so weit abschwächen können, dass das Immunsystem ihn bekämpfen kann.

Hauptquelle für MRSA sind Krankenhäuser, Altenheime und Pflegeeinrichtungen, in denen diese Bakterien an Geräten, Oberflächen und allen möglichen Gegenständen leben sowie durch das Personal von Patient zu Patient weitergegeben werden. MRSA-Stämme aus der Nutztierhaltung spielen dagegen als Auslöser schwer behandelbarer Infektionen praktisch keine

Rolle. Sie sind in weniger als fünf Prozent der untersuchten Fälle im Spiel und fast immer sensibel für therapeutisch wichtige Wirkstoffklassen. Damit stammen 95 Prozent der nachgewiesenen MRSA bei schwer behandelbaren Infektionen aus dem Bereich der Humanmedizin.

MRSA zeigt, wie notwendig Maßnahmen zur Bekämpfung der um sich greifenden Antibiotikaresistenzen sind. Sinnvoll wäre es, Antibiotika niemals zu verordnen, ohne dass der Erreger und dessen Schwachstelle, das heißt seine Empfindlichkeit beziehungsweise Resistenz gegen Antibiotika, vorher diagnostiziert wurde. Die Methoden und Technologien für eine schnelle Diagnostik innerhalb weniger Stunden sind längst vorhanden, sie werden aber aus Kostengründen nicht flächendeckend eingesetzt. Auch sollten Antibiotika nicht, wie in vielen Ländern noch heute üblich, frei verkäuflich sein, sondern überall rezeptpflichtig werden.

Zum anderen ist weitere Forschung dringend nötig, an neuen Antibiotika ebenso wie an anderen Verfahren. Im Mai 2019 wurde bekannt, dass ein Mädchen mit einer Phagentherapie geheilt wurde. Es war an einer lebensbedrohlichen Infektion mit antibiotikaresistenten Bakterien erkrankt und hatte nur noch eine sehr geringe Überlebenschance. Die eingesetzten Phagen infizierten die Krankheitserreger und dezimierten sie im Körper der Patientin derart, dass das Immunsystem sie restlos eliminieren konnte. Solche Phagen, die nur eine bestimmte Bakterienart befallen können, sind vielversprechende neue Ansatzpunkte für die Medizin.

Serratia marcescens

Serafino Serratis welkwerdendes Bakterium

FORM kurzes Stäbchen mit runden Enden
LÄNGE 0,9 bis 2 Mikrometer
DURCHMESSER 0,5 bis 0,8 Mikrometer
FORTBEWEGUNG durch Geißeln, die über die ganze Oberfläche verteilt sind

Serratia marcescens ist als wundertätiges Bakterium in die Geschichte eingegangen, denn es ist, wie heute bekannt ist, an den Blutwundern beteiligt, die noch heute Jahr für Jahr viele gläubige Menschen beeindrucken. Wissenschaftlern imponiert jedoch eher die Vielseitigkeit und die Anpassungsfähigkeit des Bakteriums und die Tatsache, dass es ein gefährlicher Krankheitserreger ist – für Menschen ebenso wie für Korallen.

Entdeckt wurde es 1819, als der Apotheker Bartolomeo Bizio in Padua der rötlichen Verfärbung von verdorbener Polenta auf den Grund gehen wollte. Unter dem Mikroskop entdeckte er in dem roten Überzug einen Mikroorganismus, dem er den Namen *Serratia marcescens* gab – *Serratia* nach dem florentinischen Physiker und Dampfschiffkonstrukteur Serafino Serrati, der sein Physiklehrer gewesen war, und *marcescens*, welkwerdend, weil die Kolonien des Bakteriums sich rasch in eine schleimige Masse verwandeln.

S. marcescens lebt von verrottendem organischem Material und kommt praktisch überall vor: im Boden und im Wasser, auf Pflanzen und Tieren. Tritt es massenhaft auf, bildet es manchmal einen roten Farbstoff. Der erschien nicht nur auf Bizios

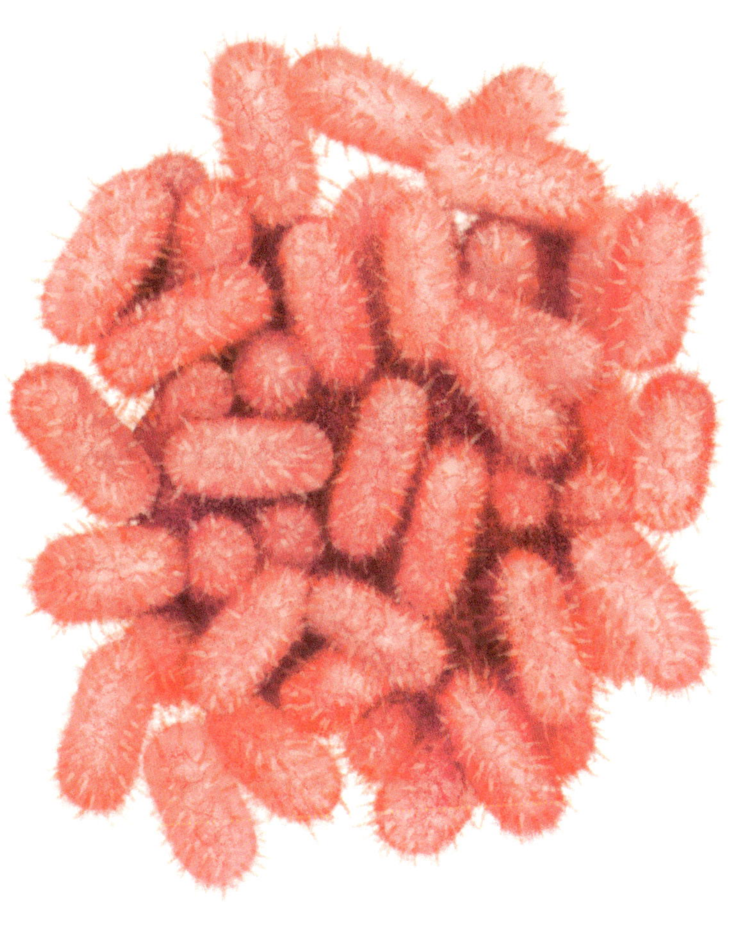

verdorbener Polenta, sondern auch auf Hostien, die aus ungesäuertem Teig hergestellt werden. Daher ist es vermutlich für die sogenannten Blutwunder verantwortlich, bei denen Hostien zu ›bluten‹ beginnen, sich also rot verfärben. Dieses Phänomen wurde seit der Einführung von Hostien aus ungesäuertem Teig im 14. Jahrhundert beobachtet und wird im katholischen Glauben als Beweis für die Transsubstantiation genannte Verwandlung von Brot und Wein in das Fleisch und Blut von Jesus Christus während der heiligen Messe angesehen. Der Farbstoff wird daher Prodigiosin (*prodigium* bedeutet Wunder) genannt.

Bekannt ist vor allem das Blutwunder von Bolsena, als 1263 ein böhmischer Priester, der an der Transsubstantiation gezweifelt hatte, während der Messe eine Hostie zerbrach und sie rot verfärbt fand. Dieses Blutwunder bildete den Anlass für die Einführung des katholischen Fronleichnamsfestes.

S. marcescens ist eines der widerstands- und anpassungsfähigsten Bakterien. Es lebt in Desinfektionsmitteln ebenso wie in doppelt destilliertem Wasser, Reinigungsflüssigkeiten von Kontaktlinsen oder Blutbeuteln, wächst bei vier Grad Celsius ebenso wie bei 37 Grad Celsius, überlebt im Darm und in Meerwasser und scheidet zahlreiche Enzyme aus, die Eiweiß, Fette, Nukleinsäuren und Insektenpanzer verdauen. Hinzu kommt das Serrawettin, ein Tensid, das dem Bakterium die Anheftung an zahlreichen Oberflächen erlaubt und gleichzeitig andere Bakterien abtötet.

Lange Zeit wurde *S. marcescens* für harmlos erachtet und im September 1950 sogar von der U. S. Marine im Rahmen einer zunächst geheim gehaltenen Operation namens Sea-Spray in der Bucht von San Francisco versprüht, um einen Angriff mit biologischen Waffen zu simulieren. Mittlerweile ist bekannt, dass es Infektionen der Atem- und Harnwege, der Augen und sogar der Herzinnenhaut und des Knochenmarks hervorrufen kann. Meist geschehen diese Infektionen in Krankenhäusern bei Operationen oder Infusionen. Eine besonders betroffene Gruppe sind darüber hinaus heroinabhängige Menschen. Auch verunreinigte Arzneimittel wurden schon beobachtet. Nicht nur Menschen werden durch *S. marcescens* infiziert. Bei Steinkorallen ruft es die *White-pox*-Krankheit hervor. Es wurde nachgewiesen, dass die Bakterien aus menschlichen Fäkalien stammen, die durch ungeklärte Abwässer ins Meer gelangen. Die Korallen beginnen nach einer Infektion, große Mengen Schleim abzusondern. Innerhalb eines Tages löst sich dann die gesamte lebende Schicht von dem Kalkskelett ab, das als einziges übrig bleibt. Wie die Bakterien es schaffen, sich vom warmen Milieu des Darms auf die salzige, kühle Umgebung des Meerwassers und einen Organismus mit vollständig anderem Stoffwechsel umzustellen, ist unbekannt. Aber es befällt und tötet auch Insekten: Seidenraupen und Heuschrecken ebenso wie Honigbienen, bei denen es zum Eingehen der Bienenvölker während der Wintersaison beiträgt.

Escherichia coli

Theodor Escherichs Darmbakterie

FORM ähnelt einem Zylinder mit gewölbtem Deckel
LÄNGE ungefähr 2 Mikrometer
DURCHMESSER etwa 1 Mikrometer
FORTBEWEGUNG mithilfe von Geißeln, die gleichmäßig über die Zelloberfläche verteilt sind
BESONDERE KENNZEICHEN säurebildendes Bakterium

Lässt sich über *Escherichia coli* noch etwas Neues erzählen? Unser Darmbewohner – schon Schülern unter der griffigen Abkürzung *E. coli* oder ganz einfach als Kolibakterium bekannt – ist seit mehr als einem Jahrhundert das Haustier von Mikro- und Molekularbiologen und das bakterielle Studienobjekt für Medizin- und Biologiestudenten schlechthin. Und seit 1978 zum ersten Mal ein Insulingen des Menschen erfolgreich auf das Bakterium übertragen wurde, ist es auch der am häufigsten verwendete Produktionsorganismus für Biologika genannte rekombinante Medikamente, Vitamine, Feinchemikalien und zahlreiche andere Stoffe.

E. coli kann getrost als das bestuntersuchte Bakterium der Welt bezeichnet werden: Das Internet verzeichnet mehr als hundert Millionen Einträge für das Bakterium, die Datenbank Medline seit 1973 mehr als 380 000 wissenschaftliche Publikationen, die sich mit diesem Organismus beschäftigen – kein Wunder, dass *E. coli* als Studienobjekt auch an zahlreichen Nobelpreisen beteiligt war.

Rätselhaft ist noch immer *E. colis* Zwitternatur: Einerseits

ist es ein harmloser und notwendiger Darmbewohner jedes Menschen, andererseits kann es zum gefährlichen Krankheitserreger werden.

Schon seit den 1920er-Jahren ist bekannt, dass *E. coli* Harnwegsinfektionen verursachen kann. Darüber hinaus kann es Krankenhausinfektionen und Sepsis auslösen, eine durch den Blutstrom übertragene Infektion, die im Volksmund als Blutvergiftung bekannt ist und sich auf sämtliche Organe ausbreiten kann.

Doch auch zu Darmerkrankungen kann es führen und dabei sogar Epidemien mit tödlichem Verlauf verursachen. In Deutschland beispielsweise erkrankten 2011 mehr als 4300 Menschen an einer Infektion mit einem *E.-coli*-Stamm, der neben schweren Durchfällen bei vielen Betroffenen zu Nierenversagen führte. Fünfzig Menschen starben. Infektionsursache waren aus Bockshornkleesamen gezogene Sprossen, die als Snack beziehungsweise Salatzutat verkauft worden waren. Sie waren mit *E.-coli*-Stämmen verseucht, die als enterohämorrhagische *E. coli*, abgekürzt EHEC, bekannt sind. EHEC-Stämme finden sich natürlicherweise im Darm von Wiederkäuern wie Rindern, Schafen und Ziegen, aber auch Hirschen und Rehen. Die Tiere, die diese *E.-coli*-Stämme ausscheiden, zeigen keine Erkrankungsanzeichen. Gleiches gilt für manche Menschen, die sich mit EHEC infiziert haben. Sie sind symptomlose Ausscheider, wobei die Bakterien über den Kot in die Umwelt gelangen. EHEC-Stämme können in Boden und Wasser wochenlang überleben. Schon die Aufnahme von zehn Keimen kann ausreichen, um eine Infektion auszulösen.

EHEC-Stämme können Zellgifte bilden, die schwere Erkrankungen hervorrufen können. Besonders gefährdet sind Säuglinge, Kleinkinder sowie ältere und abwehrgeschwächte Menschen. Für diese Menschen sind Rohmilch, Rohwürste und frisches Hack eine mögliche Infektionsquelle, bei kleinen Kindern auch Kontakt zu Nutztieren, etwa in Streichelzoos.

Kürzlich wurde geklärt, dass *E.-coli*-Stämme sehr häufig Erbinformationen miteinander austauschen, wobei jeweils nur ein einzelner kleiner Abschnitt des Genoms übertragen wird. Die Forscher konnten mehr als dreitausend Beispiele für Stoffwechselinnovationen zeigen, die bei verschiedenen *E.-coli*-Stämmen durch einen solchen Gentransfer zustande gekommen waren. Sie ermöglichten dem jeweiligen Bakterienstamm, in einer Umgebung zu überleben, die für seine unmittelbaren Vorfahren noch wenig geeignet beziehungsweise lebensfeindlich gewesen wäre. Die Wissenschaftler waren überrascht, dass mit den relativ kleinen Änderungen so große Wirkungen erzielt wurden, und erklärten sich damit die enorme Anpassungsfähigkeit von *E. coli* – einschließlich solcher Veränderungen, die aus dem harmlosen Darmkeim einen gefährlichen Krankheitserreger machen.

Benannt ist *E. coli* nach dem Kinderarzt Theodor Escherich, der es im Darm (daher lat. *coli*) von Neugeborenen und Säuglingen gefunden hatte und 1885 erstmals als *Bacterium coli commune* beschrieb. Seine im darauffolgenden Jahr erschienene Habilitationsschrift mit dem Titel *Die Darmbakterien des Säuglings und ihre Beziehungen zur Physiologie der Verdauung* machte ihn zum führenden Bakteriologen in der Kinderheilkunde, der sich sein Leben lang für die Hygiene bei Geburt und Betreuung von Säuglingen und Kleinkindern engagierte. 1919, acht Jahre nach Escherichs Tod, wurde das Bakterium ihm zu Ehren in *Escherichia coli* umbenannt.

Nachwort

Ein Buch über fünfzig Bakterien zu schreiben, die aus den unterschiedlichsten Gründen bedeutend sind, war ein Privileg, aber auch eine Bürde. Die größte Anstrengung bestand im Weglassen.

Es gibt so unglaublich viele weitere Bakterien mit staunenswerten Eigenschaften, dass ich noch sehr viel mehr dieser faszinierenden Organismen hätte vorstellen können. Andererseits ließe sich über jedes einzelne so viel mehr erzählen, dass meine Auswahl auch kleiner hätte ausfallen können.

Vieles habe ich weglassen müssen – weil es vom Thema wegführen würde, aber auch, weil darüber noch viel zu wenig bekannt ist.

Noch ganz am Anfang steht die Ökologie der Bakterien. Dabei wird immer klarer, dass Bakterien nicht nur ganze Ökosysteme, sondern sogar die Atmosphäre der Erde und das Klima in relativ kurzen Zeitabschnitten fundamental verändern können. Auch darüber, wie Bakterien mit anderen Organismen – Pilzen, höheren Pflanzen und Tieren und vor allem uns Menschen – zusammenwirken, ist noch viel zu wenig bekannt.

Darüber hinaus hätte auch die Kommunikation der Bakterien untereinander hier mehr Beachtung finden können. Wir wissen, dass sie sich unter bestimmten Umständen miteinander koordinieren und dass sie genetische Informationen austauschen, aber wir wissen nicht, in welchem Umfang das geschieht und welche Faktoren diese Prozesse beeinflussen. Darüber werden wir in den kommenden Jahren sehr viel mehr erfahren.

Beide Themen – Ökologie und Kommunikation – sind aus zwei Gründen von globaler Bedeutung. Erstens spielen Bakterien eine noch viel zu wenig berücksichtigte Rolle bei klimatischen Veränderungen. Zweitens können wir wohl nur mit besserem Wissen über ihre Kommunikation und Ökologie dafür sorgen, dass bakterielle Infektionskrankheiten nicht wieder der Schrecken der Menschheit werden. Noch vor hundert Jahren konnte ein Schnitt in die Fingerkuppe durch ein unachtsam angefasstes Blatt Papier tödlich enden.

Aufgrund der rasch voranschreitenden Erkenntnisse in der Bakteriologie wird dieses Buch in spätestens zehn Jahren eine Fortsetzung verdienen. Denn vor zehn Jahre hätte beispielsweise noch niemand es für möglich gehalten, dass Bakterien so etwas wie ein Immunsystem besitzen. Heute sehen wir mit Erstaunen, welche ausgeklügelten Mechanismen diese doch vergleichbar einfach aufgebauten Organismen besitzen, um sich vor feindlichen Viren zu schützen. Welche verborgenen Fähigkeiten werden wir noch entdecken?

Staunen kann ich jeden Tag aufs Neue wieder darüber, wie komplex und vielfältig diese Organismen sind und welche unglaubliche Anpassungsfähigkeit sie besitzen. Sie haben kosmische Katastrophen, Vereisungen, Warmzeiten und mehrere vollständige Umwandlungen der Atmosphäre überlebt und praktisch jeden Winkel des Planeten erobert: Das Leben ist zäh und es scheint, dass es kaum auszulöschen ist, wenn es einmal einen Himmelskörper erobert hat. Das ist nicht nur eine faszinierende, sondern auch eine mutmachende Erkenntnis.

Last but not least sind diese kleinen Organismen auch mit den ganz großen Fragen verbunden: Warum ist unser Planet belebt? Ist er der einzige im Universum? Ist die Entstehung von lebenden Strukturen äußerst unwahrscheinlich, weil ganz viele Faktoren zur gleichen Zeit zusammenkommen müssen, oder ist sie sozusagen zwangsläufig, sobald gewisse Grundvoraussetzungen erfüllt sind? Was ist für eine Weiterentwicklung solcher Strukturen zu vielfältigen Lebewesen notwendig?

Wüssten wir mehr über die Entstehung der Bakterien, könnten wir vielleicht eine Antwort auf diese Fragen finden, die letztendlich mit der Frage verbunden sind, warum es uns Menschen gibt.

Literatur

Silvia Berger: *Bakterien in Krieg und Frieden: Eine Geschichte der medizinischen Bakteriologie in Deutschland, 1890–1933* (Wissenschaftsgeschichte), Göttingen 2009.

Gerhart Drews: *Bakterien – ihre Entdeckung und Bedeutung für Natur und Mensch,* Heidelberg 2015.

Richard Evans: *Tod in Hamburg. Stadt, Gesellschaft und Politik in den Cholera-Jahren 1830–1910,* Reinbek 1990.

Christoph Gradmann: *Krankheit im Labor. Robert Koch und die medizinische Bakteriologie* (Wissenschaftsgeschichte), Göttingen 2005.

Maxime Schwartz und Annick Perrot: *Robert Koch und Louis Pasteur: Duell zweier Giganten*, Darmstadt 2015.

Ed Yong: *Winzige Gefährten: Wie Mikroben uns eine umfassende Ansicht vom Leben vermitteln,* München 2018.

Philipp Sarasin, Silvia Berger, Marianne Hänseler und Myriam Spörri (Hg.): *Bakteriologie und Moderne – Studien zur Biopolitik des Unsichtbaren 1870–1920*, Frankfurt/M. 2006.

Lohnenswert ist auch der Besuch des Micropia-Museums in Amsterdam, das Bakterien und anderen Mikroben gewidmet ist: *https://www.micropia.nl/en/#gref*

Alan Shinn aus Kalifornien stellt Replikas von Leeuwenhoeks Mikroskopen her: *http://www.mindspring.com/~alshinn*

Wer selbst Experimente machen will, findet Anregungen und Ausrüstungen zum Beispiel bei *https://www.magicalmicrobes.com* oder *http://www.leuchtlabor.de.* Mit den dort erhältlichen Kits lassen sich mikrobielle Brennstoffzellen oder Bakterienlampen herstellen.

Register

LUDGER WESS studierte Chemie und Biologie, arbeitete als Forscher im Bereich molekulare Entwicklungsbiologie und begann in den 1980er-Jahren, über Wissenschaft zu schreiben. Er veröffentlicht Romane und Sachbücher, zuletzt die Thriller *Oligo* und *Vironymous.*

FALK NORDMANN, Zeichner und Illustrator, lebt und arbeitet in Berlin. Ab 2007 Umschlaggestaltungen und Autorenportraits, seit 2013 Tierillustrationen der Reihe *Naturkunden* für Matthes & Seitz Berlin.

DANK
Danken möchte ich meiner Frau Ulrike Nau-Weß für ihre Geduld und ihre wertvollen Anregungen, Didi Danquart und meiner Agentin Sabine Langohr für Ermutigung und Kritik sowie Stefanie und Mirko Düx und Paola De Pentheny O'Kelly für Quartier und guten Wein.

NATURKUNDEN N° 62
Zweite Auflage Berlin 2022

NATURKUNDEN
herausgegeben von Judith Schalansky
erscheinen bei Matthes & Seitz Berlin
ermöglicht durch Jan Szlovak, Hamburg

MSB Matthes & Seitz Berlin Verlagsgesellschaft mbH
Göhrener Straße 7, 10437 Berlin
info@matthes-seitz-berlin.de
info@naturkunden.de

EINBAND UND TYPOGRAPHIE Pauline Altmann, Berlin
durchgesehen von Judith Schalansky
SCHRIFT Kepler von Robert Slimbach,
Fakt Soft von Thomas Thiemich
ILLUSTRATION Falk Nordmann, Berlin
HERSTELLUNG Hermann Zanier, Berlin
PAPIER 100 g/m² Fly 04 hochweiß, 1,2faches Volumen
DRUCK UND BINDUNG Pustet, Regensburg

ISBN 978-3-95757-842-6

www.naturkunden.de
www.matthes-seitz-berlin.de